深入实战 Vue 开发

殷荣桧 / 著

清華大学出版社
北 京

内 容 简 介

本书以Vue 3版本为基础，通过大量的实战案例深入分析了Vue 接口（API）的特性、原理与应用场景，着重介绍了每个API的使用频率、细节、注意点和在项目中的应用，书中给出了编者在大厂工作中总结的大量Vue开发中的项目经验与案例，有助于读者深入理解Vue的原理并提升项目经验。通过阅读本书，读者能够在没有接触大型项目的情况下也可以了解Vue在大型项目中的使用。

本书适合有一定Vue基础想深入提升技能的开发人员以及对Vue 3技术感兴趣的各类开发人员使用。

图书在版编目（CIP）数据

深入实战Vue开发/殷荣桧著. —北京：清华大学出版社，2021.7
ISBN 978-7-302-58611-1

Ⅰ.①深… Ⅱ.①殷… Ⅲ.①网页制作工具—程序设计 Ⅳ.①TP392.092.2

中国版本图书馆CIP数据核字（2021）第138025号

责任编辑：王金柱
封面设计：王　翔
责任校对：闫秀华
责任印制：丛怀宇

出版发行：清华大学出版社
网　　址：http://www.tup.com.cn，http://www.wqbook.com
地　　址：北京清华大学学研大厦A座　　**邮　　编**：100084
社 总 机：010-62770175　　**邮　　购**：010-62786544
投稿与读者服务：010-62776969，c-service@tup.tsinghua.edu.cn
质量反馈：010-62772015，zhiliang@tup.tsinghua.edu.cn
印 装 者：三河市天利华印刷装订有限公司
经　　销：全国新华书店
开　　本：190mm×260mm　　**印　　张**：17.25　　**字　　数**：442千字
版　　次：2021年9月第1版　　**印　　次**：2021年9月第1次印刷
定　　价：79.00元

产品编号：091194-01

序 1

不管什么技术，经验不仅让你变得更加优秀，同时让你变得更加“靠谱”，能力是从实际项目中催化而来的，本书作者从实际项目中积累了多年经验，以独特的视角讲解 Vue 的各个要点，能够让对 Vue 感兴趣的读者快速入门掌握 Vue 这项技术，同时又能够逐渐深入了解各个知识点的细节。知其然更知其所以然，编码时也能够得心应手。

“工欲善其事，必先利其器。”好的工具能达到事半功倍的效果，这本书可以说是一本很好的工具书。书中逐个对 Vue 的 API 进行剖析，同时结合案例进行讲解，很容易理解。纵观全书，可以看出作者在写作时花了大量的心血，每一个 API 都深挖细节，尽量做到让读者能够了解实战中使用的场景，避开实战中的坑位。

由于 Vue 在大型项目中的使用越来越多，前端在开发中的重要性越来越凸显，因此使用 Vue 进行快速、高效的迭代开发已经成为当下很多公司考虑的问题。本书恰恰是加快读者了解和深入学习 Vue 的好帮手，能够给读者带来很多帮助。

王云峰

腾讯高级工程师

2021 年 3 月 27 日

序 2

该书不同于大而全的教课书，也不同于薄而浅的使用指南。作者以官方文档作为蓝图，详细讲解了各个功能的使用，更是给出了自己的思考，最后顺势引出了最佳实践和总结。每节内容从实战出发，不仅演示了使用方法，还引导读者思考为什么要如此设计以及设计背后的考量。

该书叙述由浅入深，思考环环相扣。每节内容都先给出了学习目的，明确探究范围，然后给出了案例代码，论证结果，再进行主题的升华，思考背后的原理和实现。本书通俗易懂，清晰地阐述作者的观点，真正做到从实战中来、到实战中去，这在市场上是一本不可多得的好书。

该书对于初级开发人员来说是一本非常好的实战教程，相比于官方文档，作者从更加实际的使用场景切入，讲述了如何正确合理地使用 Vue，并指引开发人员深入思考。对于资深开发人员来说，作者的思考方式或许能打开一个全新的 Vue 世界大门，从多角度、多层次来看待同一个问题。

阅读这本书，犹如思想的火花在交流中碰撞，受益匪浅。

余智

前腾讯前端工程师

2021 年 3 月 27 日

前　言

前端可以说是一个艺术与代码结合的行业。当初之所以选择前端，也正是因为这一点。用代码成功地实现一个漂亮的页面或是一个漂亮的动画效果，就好像自己完成了一幅艺术作品。当初在大学的时候没有前端这个专业，所以只能自学前端，那时候的前端和现在的比简直是天壤之别。前后端代码不分离，没有打包的概念，甚至连前端这个行当都是后端开发在兼职完成。当初，前端的标配是 HTML+JS+CSS，图书馆有很多关于这几门技术"从入门到精通"的书，当初确实也是通过这些书入门的，但是精通就不是一件简单的事情了。精通一门语言需要足够多的理论与实战的反复碰撞，需要经过无数 bug 的历练和拷打。任何理论与实际一旦分离，都将是空中楼阁。随着时间的推移，前端在计算机技术中逐渐占有了一席之地。前端技术逐渐丰富起来，随着前端项目规模越来越大，前端也出现了自己的开发框架 Vue、React 等，以及各种各样的打包工具。前端从当初的无类型 JavaScript，发展到今天的有类型 TypeScript。从前端新技术推陈出新的速度也可以看出，前端还处于发展上升期，所要完成的工作将越来越多。前端所承担起的角色将会越来越重要，肩负的责任和使命也将越来越大。

Vue 作为众多框架中的一个，凭借着易上手和双向绑定等特性杀出重围。经历过多次的迭代，Vue 已经可以在大型项目中有所担当，对于平时小的需求更是能灵活应对。在 Vue 3 中，Vue 更是引入了组合式 API，使得代码的开发更为聚合，同时也更加有利于 Tree Shaking 来优化打包的大小。这些新的特点都将会在本书相关章节中进行详细的分析。

我为什么要写这样一本书呢？因为在平时开发 Vue 项目的时候遇到问题会上网搜索，找到的答案质量良莠不齐，需要花费很长的时间从中筛选，或者压根就不是想要找的，从而浪费了很多时间。其实遇到问题时还有一种方式，就是查看官方文档。官方文档作为一个工具文档是作为一个有追求的开发者来说是一定要看懂的。但是，对于一个刚学习 Vue 或者短暂开发过 Vue 甚至是 Vue 中度使用者来说，官方文档则令人望而生畏，因为其中包含了各种全新的看不懂的概念以及各种接口和方法。当你下定决心把官方文档细读一遍的时候，却发现有那么多新的概念，以至于哪个是平时常用的、哪些可能在工作中是用不到，都不清楚。可能很多时间都花在了平常用不到的知识点上。好不容易搞懂了，即因为缺乏实战很快就忘记了，白白浪费了很多宝贵的时间。要知道，二八理论在任何领域都是适用的，即 20%的知识点就可以应对工作中 80%的工作。写这本书就是为了着重解决上面的这些问题。一是指明每个接口在实际乃至大型项目中的使用频度（哪些需要重点深挖，值得去花时间学习；哪些只需要简单理解，没有必要花太多的时间学习），从而做到花较少的时间适应平时的开发工作。二是将知识点在实际开发中遇到的问题使用实例进行讲解分析。三是在必要的情况下分析接口的实现原理。四是结合许多实战中遇到的问题和中大型项目开发经验，即使现在没有机会接触中大型项目也能了解中大型项目的开发都会遇到哪些问题以及一些好的经验的总结和整理。

由于本人水平有限，当你在书中看到疏漏之处时，可以在本人的 Github 主页（Github Id: JackieWillen）《深入实战 Vue 开发》项目下提交 issue，我会在后期的再版书籍中进行更正。

最后，这本书能够顺利完成，需要感谢前腾讯人余智以及腾讯高级工程师王云峰的帮助和指正。感谢清华大学出版社王金柱老师的帮助和支持。最后，感谢妻子的帮助和支持。

般荣桧

2021 年 3 月 2 日

目　　录

第 1 章

应用配置

之前前端所开发的大多是网站，现在随着嵌入开发的出现前端已经不仅局限在网页中进行开发了，在 Vue 中叫作应用。实际上，一个具备完整功能的网站也就是一个应用，和手机上的应用相似。对于用户来讲，应用是用来满足需求的载体。对于开发者来讲，主要是保障应用的稳定。这里的“应用配置”就是从这个层面出发的，包括错误的处理（errorHandler、warnHandler）、全局属性的配置（globalProperties）、是否为定制元素（isCustomElement）、合并策略（optionMergeStrategies）以及性能分析（performance）。从整个应用层面的配置出发，逐个进行分析。这些配置选项就像是裹住应用的一层保护罩，能够应付和上报各种错误，进行应用的卡慢分析、全局的一些参数设定，让被包裹住的应用能够顺畅运行。

1.1 errorHandler

在 Javascript 中，往往会遇到一些使用原生 onerror 来捕获错误的场景，在 Vue 的有些项目中也会遇到有使用原生 onerror 捕获错误的情况，但是 Vue 自身又提供了 errorHandler 这样一种错误捕获的函数，那么这两者的区别是什么呢，为什么 Vue 自身有了 errorHandler 这样一个错误处理的函数还会在某些项目中使用 JS 原生的 onerror 捕获和处理错误的情况呢?是 errorHandler 不能够捕获所有的错误场景而需要使用 onerror 来进行补充吗？这些问题将会在下述实战中进行分析。

1. 学习目的

本例我们故意在 Vue 的各个生命周期以及钩子函数中制造一些错误，来查看 errorHandler 中的捕获情况。

2. 实战练习

下面探究 errorHandler 是否能够捕获 Vue 生命周期、data()函数、watch 函数等 Vue 提供的各个阶段函数中的错误，包括以下两种情况：

（1）在 Vue 入口文件 main.js 中添加以下 errorHandler 错误捕获代码。

（2）在 App.vue 文件中添加如下代码对 Vue 各个阶段的错误捕获进行探索。

```
<template>
  <div id="app">
    <HelloWorld @myTip="myTip" :msg="'HelloWorld'" />
    <br />
  </div>
</template>

<script>
import HelloWorld from "./components/HelloWorld";
export default {
  name: "App",
  components: {
    HelloWorld,
  },
  data: function () {
    return {
      name: 1,
      k: m, // 故意在data()赋值未定义的m值制造错误，在Vue 2.x中errorHandler中
            // 捕获到info为"data()"的错误，但是在Vue 3.x中会直接报错
    };
  },
  beforeCreate() {
    let a = t; // 故意在生命周期中赋值未定义的t值制造错误，在errorHandler中
               // 捕获到info为"beforeCreate hook"的错误
  },
  created() {
    // 测试promise中的情况
    let k = new Promise(function (resolve, reject) {
      let a = i; // 故意在Promise中赋值未定义的i值制造错误，在errorHandler中
                 // 捕获到info为"created hook"的错误
      resolve（2）;
    });
    return k;
  },
  mounted() {
    this.$netTick(() => {
      let a = x; // 故意在nextTick中赋值未定义的x值制造错误，在Vue 2.x中
                 // errorHandler会捕获到info为"nextTick"的错误，但是在
                 // Vue 3.x中会直接报错
    });
  },
  methods: {
    myTip: function () {
```

```
      let a = f; // 故意在methods中赋值未定义的f值制造错误,在Vue 2.x中errorHandler
                // 会捕获到info为"v-on handler"事件的错误,在Vue 3.x中会捕获到info
                // 为"native event handler"的错误
    },
  },
  render: function (createElement) {
    let a = e; // 删除template模板, Vue会使用render函数渲染页面, 这里故意在render
              // 函数中赋值未定义的e值制造错误,在Vue 2.x中errorHandler会捕获到info
              // 为"render"的错误, 在Vue 3.x中捕获到info为"render function"的错误
    return createElement("test");
  },
};
</script>
```

组件 helloworld.vue 中的代码如下所示：

```
<template>
  <div class="hello">
    <h1>{{ msg }}</h1>
  </div>
</template>

<script>
export default {
  name: "HelloWorld",
  props: {
    msg: String,
  },
  mounted() {
    this.$emit("myTip");
  },
  watch: {
    msg: {
      handler: function () {
        // 故意在watch中赋值未定义的b值制造错误, 在Vue 2.x中errorHandler会捕获到
        // info为"callback for immediate watcher "msg""的错误, 在Vue 3.x中会捕
        // 获到info为"watcher callback"的错误
        let a = b;
      },
      immediate: true,
    },
  },
};
</script>
```

捕获到的错误结果如图 1-1 所示。

```
Console  Problems 14  Filter  All
error info  beforeCreate hook
error info  watcher callback
error info  component event handler
error info  created hook
error info  native event handler
```

图 1-1 捕获到的错误结果

如果将 App.vue 中的<template>....</template>模板注释掉，就会触发 render 函数渲染页面，这样 render 触发的错误将被 errorHandler 中的 info 记录为“render function”。可见 Vue 提供的 errorHandler 已经可以捕获到 Vue 各个阶段所引发的错误。

在上述故意制造错误的地方已经在随后的注释中表明了其将会在 errorHandler 中被捕获的错误。可以看出 Vue 3.x 对于错误的处理相比 Vue 2.x 更为严格。在 Vue 2.x 中还可以被 errorHandler 捕获的一些场景在 Vue 3.x 中直接报错了。这样更加有利于增强代码的健壮性。

3. 最佳实践

在 Vue 3.x 中，错误的捕获类型统一到了一个文件中，这样更加一目了然。除了严重的错误直接报错阻碍应用运行一定要修改之外，其他在各个生命周期以及其他各种钩子中的错误都将能够被 errorHandler 捕获到，并在 errorHandler 中加以处理。图 1-2 为对 Vue 源代码的截取，在一个文件中将错误的类型都罗列了出来。

```
export const ErrorTypeStrings: Record<number | string, string> = {
  [LifecycleHooks.BEFORE_CREATE]: 'beforeCreate hook',
  [LifecycleHooks.CREATED]: 'created hook',
  [LifecycleHooks.BEFORE_MOUNT]: 'beforeMount hook',
  [LifecycleHooks.MOUNTED]: 'mounted hook',
  [LifecycleHooks.BEFORE_UPDATE]: 'beforeUpdate hook',
  [LifecycleHooks.UPDATED]: 'updated',
  [LifecycleHooks.BEFORE_UNMOUNT]: 'beforeUnmount hook',
  [LifecycleHooks.UNMOUNTED]: 'unmounted hook',
  [LifecycleHooks.ACTIVATED]: 'activated hook',
  [LifecycleHooks.DEACTIVATED]: 'deactivated hook',
  [LifecycleHooks.ERROR_CAPTURED]: 'errorCaptured hook',
  [LifecycleHooks.RENDER_TRACKED]: 'renderTracked hook',
  [LifecycleHooks.RENDER_TRIGGERED]: 'renderTriggered hook',
  [ErrorCodes.SETUP_FUNCTION]: 'setup function',
  [ErrorCodes.RENDER_FUNCTION]: 'render function',
  [ErrorCodes.WATCH_GETTER]: 'watcher getter',
  [ErrorCodes.WATCH_CALLBACK]: 'watcher callback',
  [ErrorCodes.WATCH_CLEANUP]: 'watcher cleanup function',
  [ErrorCodes.NATIVE_EVENT_HANDLER]: 'native event handler',
  [ErrorCodes.COMPONENT_EVENT_HANDLER]: 'component event handler',
  [ErrorCodes.VNODE_HOOK]: 'vnode hook',
  [ErrorCodes.DIRECTIVE_HOOK]: 'directive hook',
  [ErrorCodes.TRANSITION_HOOK]: 'transition hook',
  [ErrorCodes.APP_ERROR_HANDLER]: 'app errorHandler',
  [ErrorCodes.APP_WARN_HANDLER]: 'app warnHandler',
  [ErrorCodes.FUNCTION_REF]: 'ref function',
  [ErrorCodes.ASYNC_COMPONENT_LOADER]: 'async component loader',
  [ErrorCodes.SCHEDULER]:
    'scheduler flush. This is likely a Vue internals bug. ' +
    'Please open an issue at https://new-issue.vuejs.org/?repo=vuejs/vue-next'
}

export type ErrorTypes = LifecycleHooks | ErrorCodes
```

图 1-2 Vue 源代码（错误类型）

那么为什么在有了 errorHandler 之后还会看到有些项目中又添加了原生的 window.onerror 这样捕获 error 的代码呢？这不是重复了吗？使用 window.onerror 应该是 vue 版本较低的老的项目了，因为 errorHandler 的错误捕获也是一个逐渐补全的过程，在 2.6 之前的版本中有些 Vue 过程的错误是捕获不到的，所以只能借助 onerror 来进行捕获，而且 onerror 还有很多错误是捕获不到的。在 2.6 的 Vue 版本之后，基本用 errorHandler 就可以捕获到异常，而且 Vue 在 2.6 之后也不通过 throw error 的方式抛出错误了，所以使用 window.onerror 也基本监听不到错误，建议在 Vue 项目中直接使用 errorHandler 来捕获错误。

4. 总结

需要对 Vue 代码中的错误进行捕获并且上报（比如使用 Sentry 上报等）时，建议将上报错误的代码安放在 errorHandler 中。若需要对项目中的错误做统一处理，则可以安放到 errorHandler 中。

1.2 warnHandler

warnHandler 主要用来对程序中抛出的警告进行自定义处理。这里主要通过查看 vue 的源码来了解一下 warnHandler 的工作原理、在实际项目中如何使用以及在使用中有哪些注意事项等。

1. 学习目的

了解 warnHandler 的原理以及其使用方法。

2. 实战练习

（1）首先看一下 Vue 2.x 中对于 warnHandler 的实现

warnHandler 是在 Vue 2.4 版本中添加进去的，如图 1-3 所示是当时添加这个功能提交的 Commit 修改记录的主要修改部分，就是将原有控制台提醒中包含"[Vue warn] xxxx"字样的地方使用用户自定义的 warnHandler 来进行处理。

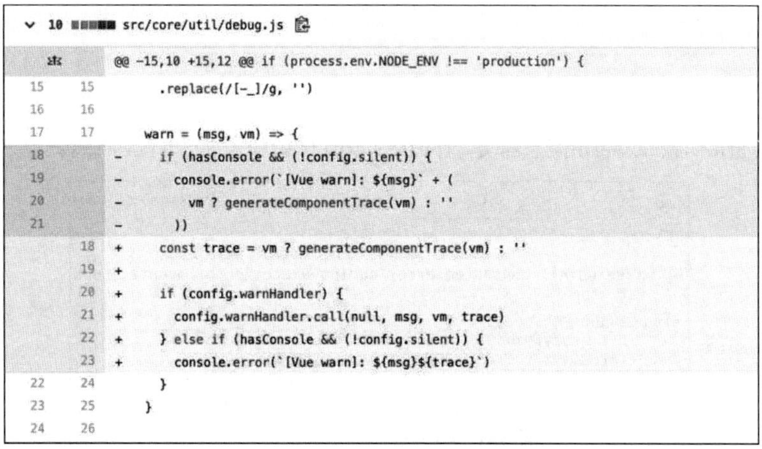

```
10 src/core/util/debug.js
@@ -15,10 +15,12 @@ if (process.env.NODE_ENV !== 'production') {
15 15        .replace(/[-_]/g, '')
16 16
17 17      warn = (msg, vm) => {
18    -        if (hasConsole && (!config.silent)) {
19    -          console.error(`[Vue warn]: ${msg}` + (
20    -            vm ? generateComponentTrace(vm) : ''
21    -          ))
   18 +        const trace = vm ? generateComponentTrace(vm) : ''
   19 +
   20 +        if (config.warnHandler) {
   21 +          config.warnHandler.call(null, msg, vm, trace)
   22 +        } else if (hasConsole && (!config.silent)) {
   23 +          console.error(`[Vue warn]: ${msg}${trace}`)
22 24        }
23 25      }
24 26
```

图 1-3 提交的 Commit 修改记录

commit 链接为：https://github.com/GulajavaMinistudio/vue/pull/21。

在 Vue 3.x 中，处理警告的代码被重构成了如图 1-4 所示的情况。

```
const instance = stack.length ? stack[stack.length - 1].component : null
const appWarnHandler = instance && instance.appContext.config.warnHandler
const trace = getComponentTrace()

if (appWarnHandler) {
  callWithErrorHandling(
    appWarnHandler,
    instance,
    ErrorCodes.APP_WARN_HANDLER,
    [
      msg + args.join(''),
      instance && instance.proxy,
      trace
        .map(
          ({ vnode }) => `at <${formatComponentName(instance, vnode.type)}>`
        )
        .join('\n'),
      trace
    ]
  )
```

图 1-4　被重构了的处理警告的代码

（2）在 App.vue 中故意制造一个 warn 警告

```
<template>
  <div id="app">Vue API 实战实例展示</div>
</template>

<script>
export default {
  name: "App",
  mounted() {
    let a = k; // 使用未定义的 k 变量故意制造了一个 warn 警告
  },
};
</script>
```

打印出的 warn 信息（warn 信息都是以[Vue warn]开头的）如图 1-5 所示。

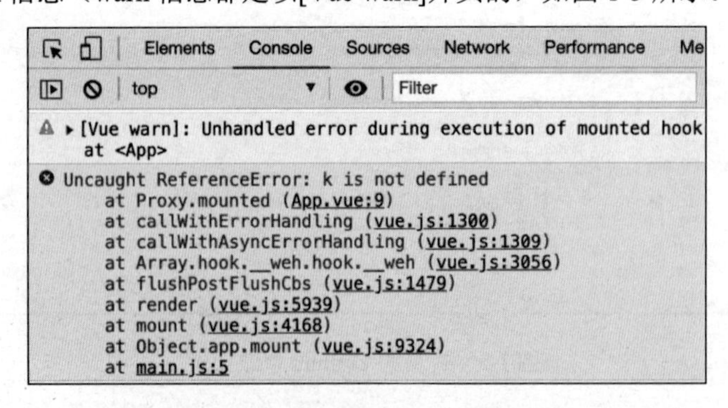

图 1-5　打印出的 warn 信息

（3）添加 warnHandler

```
import { createApp, h } from "vue";
import App from "./App.vue";
let app = createApp({
  render() {
    return h(App);
  }
});
app.config.warnHandler = function (msg, vm, trace) {
  // vm 就不打印出来了，因为 vm 就是实例中的 this
  console.log("msg", msg);
  console.log("trace", trace);
};
app.mount("#app");
```

打印出的 warn 信息为自己定义的 warn 格式，如图 1-6 所示。

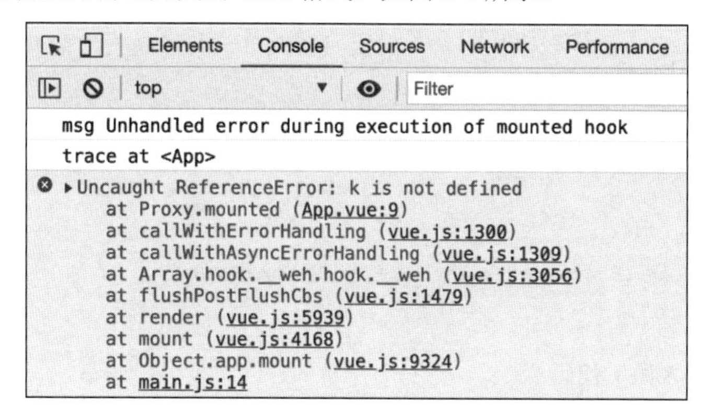

图 1-6 打印出的 warn 信息（自己定义的 warn 格式）

注 意

warnHandler 为 Vue 的运行时警告赋予了一个自定义处理函数。注意，这只会在开发者环境下生效，在生产环境下会被忽略。

3. 最佳实践

warnHandler 主要用来进行警告内容的自定义处理，如果需要进行警告上报之内的操作，可以在这样的一个 handler 中进行处理。总体来说使用频率不高。

4. 总结

warnHandler 函数就是取代了原有系统自带的发出警告“[Vue warn]”字样的处理函数，带有[Vue warn]字样的警告都将用 warnHandler 函数处理。在实际开发中使用频率比较低，一般按照 Vue 默认输出的格式就可以了。

1.3 globalProperties

当需要添加一个全局属性的时候，例如一个公司的应用，那么这个公司的名字可能就会出现在各个页面中，这时如果在每个页面都定义一次公司的名字就显得太过臃肿。这种场景如果定义一个全局属性为公司的名称，那么其余地方都引用这个全局属性就可以了。这样应用代码就更加高效了。

1. 学习目的

通过 globalProperties 添加一个全局的属性。

2. 实战练习

在 main.js 中输入如下代码：

```
import { createApp, h } from "vue";
import App from "./App.vue";
let app = createApp({
  render() {
    return h(App);
  }
});
app.config.globalProperties.myName = "jackieyin";
app.mount("#app");
```

在 App.vue 中输入如下代码：

```
<script>
export default {
  name: "App",
  mounted() {
    console.log(this.myName);
  },
};
</script>
```

在控制台中打印出了“jackieyin”的字样，说明全局属性的添加成功了，此后，可以在任何一个组件的内部访问到此变量。

3. 最佳实践

此属性为 3.0 中新增加的一个 API，在 2.0 中如果是通过如下一段代码实现上述效果的：

```
Vue.prototype.myName = "jackieyin";
```

4. 总结

当需要添加全局的一些属性和方法时，考虑使用此属性。

1.4 isCustomElement

isCustomElement 使 Vue 忽略在 Vue 之外的自定义元素（例如使用了 Web Components APIs 定义的元素），否则它会假设你忘记注册全局组件或者拼错了组件名称，从而抛出一个关于“Unknown custom element”的警告。需要注意的是，isCustomElement 只能在编译环境中进行配置。

1. 学习目的

了解 isCustomElement 在实际开发中的用法及原理。

2. 实战练习

下面通过一个使用 isCustomElement 忽略 webComponent 的案例来分析 isCustomElement 的作用。

（1）在 main.js 中的内容如下：

```
class MyButton extends HTMLElement {
  constructor() {
    super();
    this._shadowRoot = this.attachShadow({ mode: "open" });
this._shadowRoot.appendChild(template.content.cloneNode(true));
  }
}
window.customElements.define("my-button", MyButton);
let app = createApp({
  render() {
    return h(App);
  }
});
app.mount("#app");
```

（2）在 App.vue 中的内容如下：

```
<template>
  <div id="app">
    <!-- 此处为自定义的 webComponent -->
    <my-button></my-button>
  </div>
</template>
<script>
```

```
export default {
  name: "App",
};
</script>
```

运行后的效果如图 1-7 所示，由于 Vue 没有在注册组件中找到 my-button 这样的一个组件，所以报错。实际上这样的一个组件已经被浏览器渲染出来了，需要忽略错误，这就是需要 ignoredElements 配置的原因了。

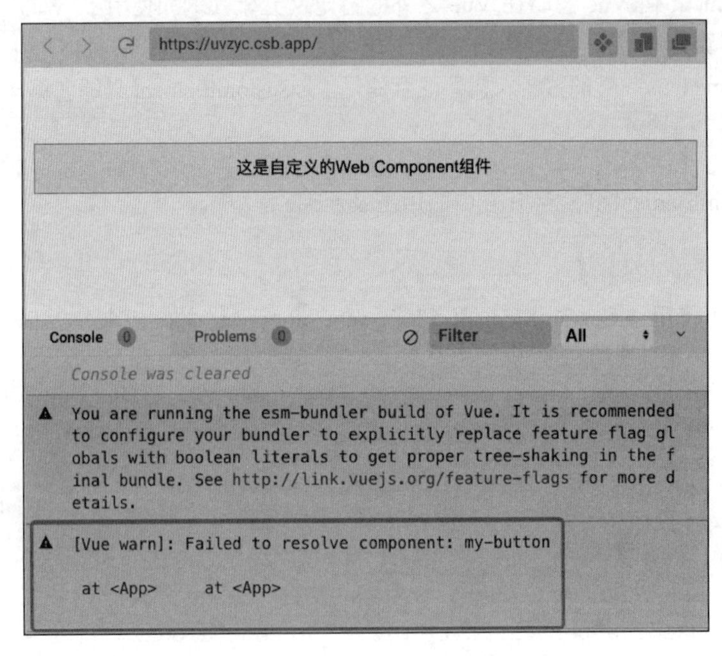

图 1-7　运行后的效果

（3）在 main.js 中添加代码。

在 Vue 2.x 中，直接添加如下代码即可忽略自定义的组件，不会再报“Failed to resolve component”的错误。

```
Vue.config.ignoredElements = ["my-button"];
```

注意，在Vue 3.x中元素是否为Vue中注册的组件的检查移到了模板编译阶段，所以isCustomElement只有在使用运行时编译器时才会被考虑。正常情况下，我们都是使用的运行时构建。这时直接使用如下写法将会无效：

```
app.config.isCustomElement = (tag) => tag === "my-button";
```

isCustomElement 必须在构建设置中传递给@vue/compiler-dom。落到实处就是，当你的项目是使用 vite 创建时，你可以在 vite.config.js 中添加如下配置：

```
vueCompilerOptions: {
   isCustomElement: tag => {
```

```
      return /^my-/.test(tag)
    }
  }
```

如果使用的是 Vue Cli，就需要进行如下配置：

```
module.exports = {
  chainWebpack: config => {
    config.module
      .rule('vue')
      .use('vue-loader')
      .loader('vue-loader')
      .tap(options => {
        options.compilerOptions = {
          ...(options.compilerOptions || {}),
          isCustomElement: tag => /^my-/.test(tag)
        };
        return options;
      });
  }
};
```

如果是 webpack，就需要在 webpack 的配置文件中添加如上配置内容。

当完成如上配置后，可以发现控制台中不会再有“Failed to resolve component”的错误，同时自定义的组件也能够正常显示。

3. 最佳实践

这个配置是 Vue 用来为了非 Vue Component 组件之外其他浏览器原生支持的组件或者其他组件开放出来的白名单。在白名单中，Vue 认为开发者了解这个组件，没有问题，就不做报错处理了。

4. 总结

非特殊的项目基本也是不会使用 ignoreElements 这个功能的。所以，了解其作用及原理，在用时知道 Vue 有这样一个功能即可。

1.5 optionMergeStrategies

在 Vue 属性和 extends 以及 mixins 中可以定义同样的一个属性，但在这三者中如果存在同样的一个属性，就会存在相互覆盖的情况。Vue 有自己的一套覆盖规则，这个覆盖规则 Vue 通过 optionMergeStrategies 属性开放出来给用户自定义时使用。

1. 学习目的

了解 optionMergeStrategies 在实际开发中的使用方法及作用。

2. 实战练习

了解 Vue 源码的覆盖规则。通过以下代码，同时在 Vue 属性、extends 以及 mixins 中定义相同的一个变量，看看覆盖的顺序。

```
import { createApp, h } from "vue";
import App from "./App.vue";
let app = createApp({
  customOption: "newVue", // Vue 属性中定义"customOption"变量
  extends: {
    customOption: "extends" // Vue extends 中定义"customOption"变量
  },
  mixins: [
    {
      customOption: "mixins" // Vue mixins 中定义"customOption"变量
    }
  ],
  mounted() {
    console.log("Profile.options:", this.$options.customOption);
  },
  render() {
    return h(App);
  }
});
app.config.optionMergeStrategies["customOption"] = function (parent, child) {
  console.log("parent value:", parent);
  console.log("child value:", child);
  return parent + "&" + child;
};
app.mount("#app");
```

打印出的结果如下：

```
parent value: undefined
child value: extends
parent value: undefined&extends
child value: mixins
parent value: undefined&extends&mixins
child value: newVue
customOption: undefined&extends&mixins&newVue
```

可以看到，Vue 首先读取的是 extends 中的值，而后读取的是 mixins 中的值覆盖 extends 中的值，再次读取的是 Vue 属性中的值覆盖 extends 中的值。也就是说，覆盖顺序是 extends<mixins<Vue 属性。在上述 optionMergeStrategies 的函数中可以通过 return parent 或是 return child 的方式修改覆盖规则。

3. 最佳实践

在非特殊情况下，基本不会出现需要修改 Vue 默认覆盖规则这样的需求，因为如果你修改了默认的覆盖规则，而接手项目的人员不知道仍按照默认的覆盖规则来理解项目，就会带来很高的理解成本，加大了项目难度，对于项目管理是不利的。所以，如非特殊情况，尽量不要修改默认覆盖规则。特殊情况下修改了的，也需要在显眼的地方给出说明。

4. 总结

不建议使用，特殊情况下如果使用了，请给出明确说明。

1.6 performance

performance 设置为 true 可以在浏览器开发工具的性能/时间线面板中启用对组件初始化、编译、渲染和打补丁的性能追踪。只适用于开发模式和支持“performance.mark”API 的浏览器上。

这个属性实际上是调用了一个 Vue Performance Devtool 的插件，需要在 chrome 中另外进行安装，这个插件的地址为 https://github.com/vue-perf-devtool/vue-perf-devtool，具体的使用方法在其中都可以查看到。插件相对来说比较直观易懂。

1. 学习目的

了解 performance 在实际开发中的作用。

2. 实战练习

在写代码之前一定要先安装一下 Vue performance Devtool 插件。使用 performance 的代码如下：

```
import { createApp } from 'vue'
import App from './App.vue'
let app = createApp(App);
app.config.performance = true;
app.mount('#app');
```

运行代码打开控制台发现具体的每个组件的加载、渲染时间等都是可以看到的，这一点在大型的应用中比较有用。当一个单页面的组件过多、加载过慢时，可以通过这样的一个插件来查看哪个组件引起了页面加载过慢的问题，如图 1-8 所示。

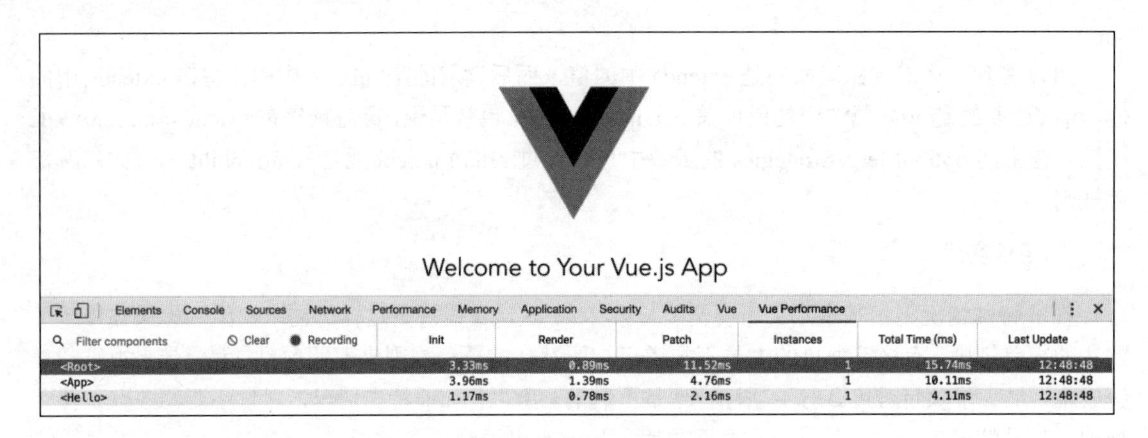

图 1-8　每个组件的加载和渲染时间

3. 最佳实践

performance 属性主要是用来对 Vue 页面的性能进行分析的工具。整个工具简单清晰，可以很方便地看出组件的性能，适合在优化页面时使用。

4. 总结

Vue 页面性能调优考虑将 performance 属性配合性能分析工具一起使用。由于 Vue 性能越来越高效，所以大部分情况下只要使用 Vue 正确，基本不会因为 Vue 的问题导致页面卡顿，performance 属性在正常开发的情况下鲜有使用。

第 2 章

应用 API

如果说第 1 章是应用的容错/稳定性外壳，那么这一章就是应用的功能外壳。这层外壳将应用中各种功能的配置项在全局应用层面进行配置。应用就好比是电视机，这些配置项就如同电视机上的开关，按动几个不同的开关就会有不同的反应，但是你不需要知道电视机内部的布线和装置是怎么样的，就如同你使用这些 API 不需要知道 Vue 应用中到底使用了哪些组件就能控制组件的行为一样。component 主要用来负责定义应用中使用到的全局的一些组件，一旦定义了这些组件，就可以在应用的任意一个组件中使用了。config 就是第 1 章内容的一个载体，第 1 章中的内容都挂载在 config 上，这样比较统一，便于辨认哪些是应用配置选项。directive 是用来进行全局指令的一个定义，一旦定义就可以在所有组件中使用。mixin 是进行全局属性和方法的一个定义，其可以将多个组件公用的一些属性或方法抽离到 mixin 中，实现代码的高内聚。mount 用来挂载应用，指定将应用挂载到哪个节点上。provide 则是用来向应用内注入一些数据，一旦注入就可以在各个组件中获取。unmount 是将 mount 挂载的应用卸载下来。use 主要是用来引用第三方的 Vue 插件，方便项目的快速开发。

2.1 component

component 是用来进行全局组件注册的，经常有这样一种场景，一个组件可能在其他多个组件中被使用到，如果每次使用时都导入就会显得十分多余。这时就可以考虑使用 component 将这个组件注册成为一个全局的组件。组件一旦被注册成为全局组件，就可以在其他组件中直接使用了。

1. 学习目的

使用 app.component 来模仿写一个 Element UI 的全局组件 <el-button>，并能够在组件中使用。

2. 实战练习

在入口文件 main.js 中写入如下代码：

```
import { createApp } from "vue/dist/vue.esm-bundler.js";
import App from "./App.vue";
```

```
let app = createApp(App);
app.component("el-button", {
  name: "el-button",
  template: '<button value="按钮">ElementUI 按钮</button>'
});

app.mount("#app");
```

在 App.vue 中使用上述定义好的组件：

```
<template>
  <div id="app">
    Vue API 实战实例展示
    <el-button />
  </div>
</template>

<script>
export default {
  name: "App",
};
</script>
```

成功渲染出 el-button 之后的界面如图 2-1 所示。

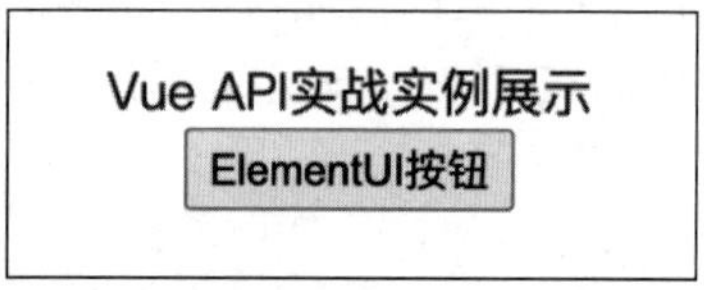

Vue API实战实例展示

ElementUI按钮

图 2-1　渲染出 el-button 之后的界面

3. 最佳实践

当需要使用到的组件在其他的组件中也有使用时，就可以考虑使用全局组件。例如，Ant Design 中的组件就会在多个组件中使用到，所以在使用时都会使用 app.use(Element)。在这个 use 的过程中其实就是将一个一个 Ant Design 组件注册成为全局的组件，具体的注册代码为：

```
components.forEach(component => {
    app.component(component.name, component):
)
```

所以，Ant Design 组件实际上也就是将其中的一个个组件都注册成全局的组件，这样才能够在各个组件中直接使用。

4. 总结

如果当前项目中也有一些业务组件可以提炼出来作为公共组件在多个组件中使用，就需要使用 app.component 来注册这些公共组件。

2.2 config

config 主要是将单页面应用中一些可配置的项整理统一到了 config 配置中。这样也便于后期参与到项目的同学能很快在项目中通过 config 的字样找到在配置上都做了哪些修改，从而快速上手一个项目。

1. 学习目的

了解 config 中可以挂载哪些配置。

2. 实战练习

config 是用来进行全局配置的选项，可以存放单页面应用中的应用配置，包括第 1 章中的所有选项，如图 2-2 所示。

1. errorHandler
2. warnHandler
3. globalProperties
4. isCustomElement
5. optionMergeStrategies
6. performance

图 2-2 单页面应用配置选项

3. 最佳实践

在 Vue 2.x 中，全局配置都是挂载到 Vue 对象上的，3.x 是挂载到单个应用上。对比 Vue 2.x 和 3.x，如表 2-1 所示。

表 2-1 2.x 和 3.x 的全局配置对比

Vue 2.0+	Vue 3.0+
Vue.config.errorHandler	app.config.errorHandler
Vue.config.warnHandler	app.config.warnHandler
Vue.prototype	app.config.globalProperties
Vue.config.ignoredElements	app.config.isCustomElement
Vue.config.optionMergeStrategies	app.config.optionMergeStrategies
Vue.config.performance	app.config.performance

4. 总结

在 config 中的六个属性中，globalProperties 使用的概率比较高，其他五个在实际开发中的使用频率都比较低。全局的配置按照 Vue 默认给到的基本是可以满足平时开发的。虽然总体使用频率不是很高，但是还是需要了解的，在一些特殊场景下能够考虑到还有这样几个 Vue API 可以使用。

2.3 directive

directive 主要是用来进行指令定义的，这里应用的是 API，用于进行全局指令的定义，也就是说一旦定义了就能够在各个组件中使用。与之对应的还有 4.4.1 小节中的 directive，4.4.1 小节中的指令定义只能够在当前的组件中进行使用，两者的使用范围是有区别的。

1. 学习目的

了解 directives 的使用细节，对其中各个参数在实战中的含义进行分析。

2. 实战练习

（1）在认识钩子函数之前，先来一个小的实战热热身。实现一个 v-focus 实例，使得使用这个指令的组件在页面加载后就自动聚焦到这个组件上。

App.vue 的代码如下：

```
<template>
  <div id="app" :class="{ blackback: needBlack }">
    <input v-if="isShow" v-model="myname" v-focus />
    <!--以下用来测试组件中一个双向绑定值的变化会导致组件的 vnode 更新，触发自定义指令的
update 钩子-->
    {{ appName }}
    <input v-model="testInputName" />
    <helloWorld v-if="isChildCompShow"></helloWorld>
  </div>
</template>
<script>
import HelloWorld from "./components/HelloWorld";
export default {
  name: "App",
  components: {
    HelloWorld,
  },
  data() {
    return {
      isShow: true,
      myname: "jackieyin",
```

```
    appName: "app",
    testInputName: "test",
    isChildCompShow: "true",
    family: {
      house: 23,
      age: 78,
      name: "tiko",
    },
    needBlack: false,
  };
 },
};
</script>
```

main.js 中的代码如下，在代码中安放了很多打印日志的代码，以供接下来对 directive 功能的剖析。

```
import { createApp, h } from "vue";
import App from "./App.vue";

let app = createApp({
  render() {
    return h(App);
  }
});
app.directive("focus", {
  beforeMount(el, binding, vnode, prevNode) {
    // 只触发一次，基本上只执行一次的操作可以放这边
    el.addEventListener(
      // 绑定一个事件
      "click",
      function () {
        alert("你点击了输入框");
      },
      false
    );
    console.log("beforeMount 中 el", el);
    console.log("beforeMount 中 el.parentNode=======>", el.parentNode);
    console.log("beforeMount 中 binding=======>", binding);
    console.log("beforeMount 中 vnode=======>", vnode);
    console.log("beforeMount 中 prevNode=======>", prevNode);
  },
  // 当被绑定的元素插入到 DOM 中时
  mounted(el, binding, vnode, prevNode) {
```

```
    // 当元素插入到 DOM 中后可以实现聚焦
    console.log("mounted中 el=====>", el);
    console.log("mounted中 el.parentNode=====>", el.parentNode);
    console.log("mounted中 binding=======>", binding);
    console.log("mounted中 vnode=======>", vnode);
    console.log("mounted中 prevNode=======>", prevNode);
    el.focus();
  },
  beforeUpdate(el, binding, vnode, prevNode) {
    // 组件更新前的状态
    // beforeUpdate 会由能够导致 vnode 变化的操作触发，比如在组件 input 框中的数据发生
    // 变化、v-model 数据变化等。这里用 JS 修改当前 dom 是没有效果的，因为并不会触发 vnode
    // 变化，Vue 监听不到修改
    console.log("beforeUpdate el=====>", el);
    console.log("beforeUpdate binding=====>", binding);
    console.log("beforeUpdate vnode=====>", vnode);
    console.log("beforeUpdate oldVnode=====>", prevNode);
  },
  updated(el, binding, vnode, prevNode) {
    // 组件更新后的状态
    console.log("updated el=====>", el);
    console.log("updated binding=====>", binding);
    console.log("updated vnode=====>", vnode);
    console.log("updated oldVnode=====>", prevNode);
  },
  beforeUnmount(el, binding, vnode, prevNode) {
    // 指令从组件上解除绑定之前
    console.log("beforeUnmount el=====>", el);
    console.log("beforeUnmount binding=====>", binding);
    console.log("beforeUnmount vnode=====>", vnode);
    console.log("beforeUnmount oldVnode=====>", prevNode);
  },
  unmounted(el, binding, vnode, prevNode) {
    // 指令从组件上解除绑定之后
    console.log("unmounted el=====>", el);
    console.log("unmounted binding=====>", binding);
    console.log("unmounted vnode=====>", vnode);
    console.log("unmounted oldVnode=====>", prevNode);
  }
});
app.mount("#app");
```

（2）页面加载后，在控制台打印出了如图 2-3 所示的信息。

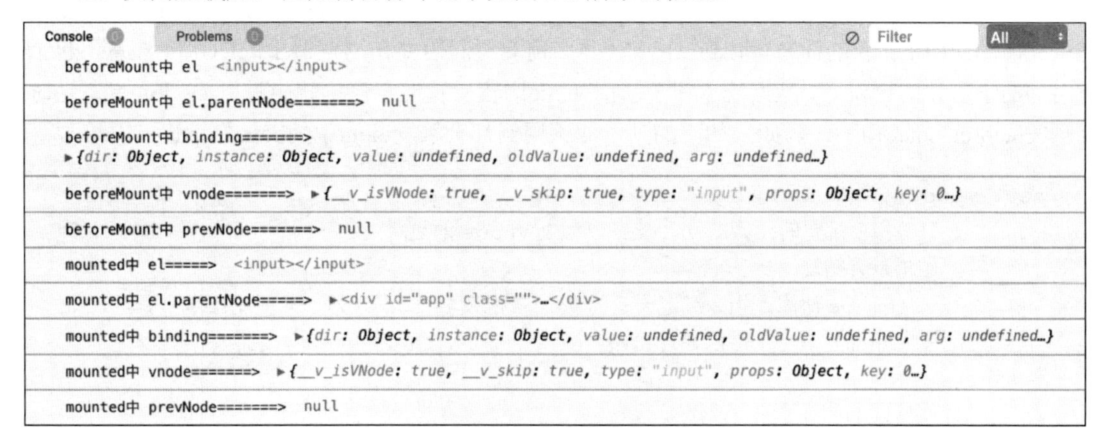

图 2-3　页面加载后控制台打印出的信息

从打印出来的结果可以看出，beforeMount、mounted 在页面加载后会触发 bind 和 inserted 两个钩子。在 bind 的时候 this.$el.parentNode 为 null，表示当前组件还没有插入到父节点中。在 inserted 的时候 this.$el.parentNode 是有值的，表明绑定自定义指令的元素已经被插入到父节点中。需要注意一点的是，这时元素还不一定已经插入到浏览器的 DOM 文档中，因为目前可能还处于内存中。

（3）在输入框中输入一个数字 5，如图 2-4 所示。

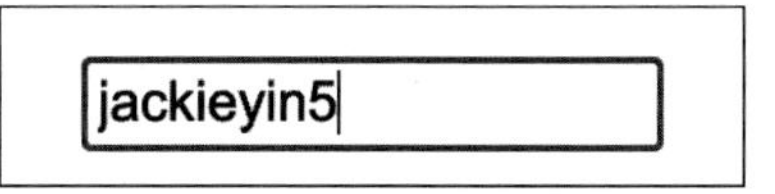

图 2-4　输入数字 5

控制台输出如图 2-5 所示的内容。

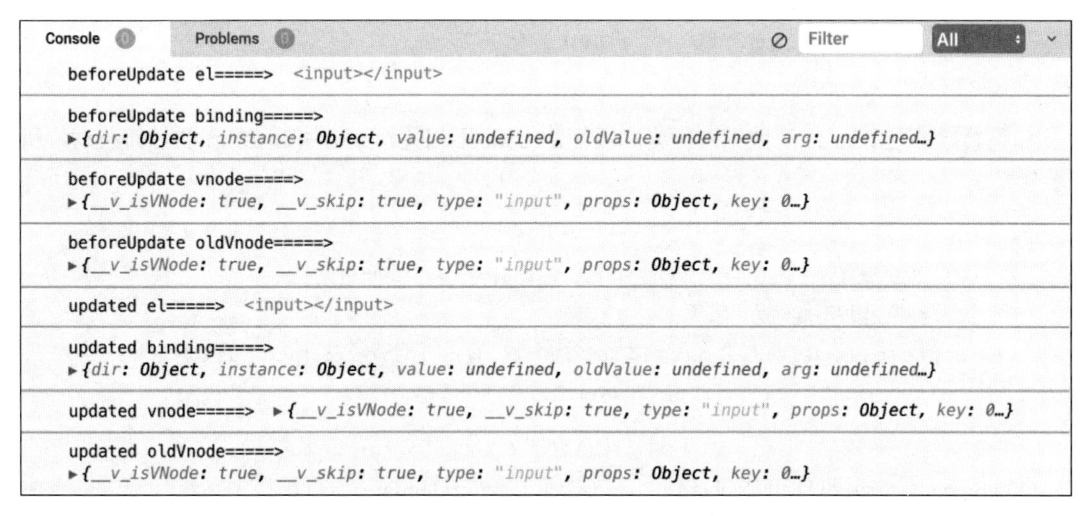

图 2-5　在控制台输出的内容

可以看出，当你在输入框中输入一个内容后触发了 beforeUpdate 和 updated 两个钩子。

① beforeUpdate。官方文档中说beforeUpdate会在组件所在的vnode更新之前触发（经过多次测试，“vnode更新时触发”基本上可以通俗地理解为你在Vue中的修改引起了当前组件在浏览器中渲染的Dom的改变，新的DOM和旧的DOM不同，需要更新组件在浏览器中的DOM，注意不包括当前组件的子组件的更新）。从原理上讲，新旧vnode比较后发现有变化就会触发vnode更新，这时就会触发beforeUpdate钩子。例如，如下的几个测试用例都会触发input中的beforeUpdate钩子。

```
setTimeout(() => {
    // 修改指令绑定的元素的 value，以触发 vnode 的更新
    // 结论是会触发
    console.log("修改指令绑定元素的 value 触发 beforeUpdate 更新操作");
    this.myname = "jackiewillen";
}, 3000);
setTimeout(() => {
    // 修改 appName 的值，以触发 vnode 的更新
    // 结论是会触发
    console.log("修改当前组件中非绑定元素的值触发 beforeUpdate 更新的操作");
    this.appName = "myApp";
}, 3000);
setTimeout(() => {
    // 动态添加样式，看是否能够触发 vnode 的更新
    // 结论是可以
    console.log("动态添加样式，看是否能够触发 vnode 的更新");
    this.needBlack = true;
}, 3000);
setTimeout(() => {
    // 其他组件的显示或隐藏也会触发 input 组件的 updated，因为 vnode 发生变化了
    console.log("测试子组件的渲染会不会触发父组件的 vnode 变化，答案是'会');
    this.isChildCompShow = false;
  }, 2000);
```

如果修改的是 data 中的数据，因为和页面的 dom 不相关，不会引起 Dom 的任何改动，所以不会触发。

```
setTimeout(() => {
    // 动态给 data 添加一个属性，看是否能够触发 vnode 的更新
    // 结论是并不能触发
    console.log("动态给 data 添加一个属性，看是否能够触发 vnode 的更新======>");
    this.$set(this.family, "owner", "jackieyin");
}, 3000);
```

② updated。当前组件可能包括很多子孙组件，beforeUpdate 不会等待子孙组件都渲染完成后就会触发，但是 updated 会等到子孙组件 DOM 都渲染好后再触发。

（4）接下来在 App.vue 中添加如下代码。

```
setTimeout(() => {
    // 使用 v-if 销毁组件触发 beforeUnmount/unmounted
    console.log("v-if 触发 beforeUnmount/unmounted 的操作======>");
    this.isShow = false;
}, 3000);
```

可以看到 3 秒后控制台打印出了如图 2-6 所示的信息，说明 beforeUnmount/unmounted 钩子被触发。

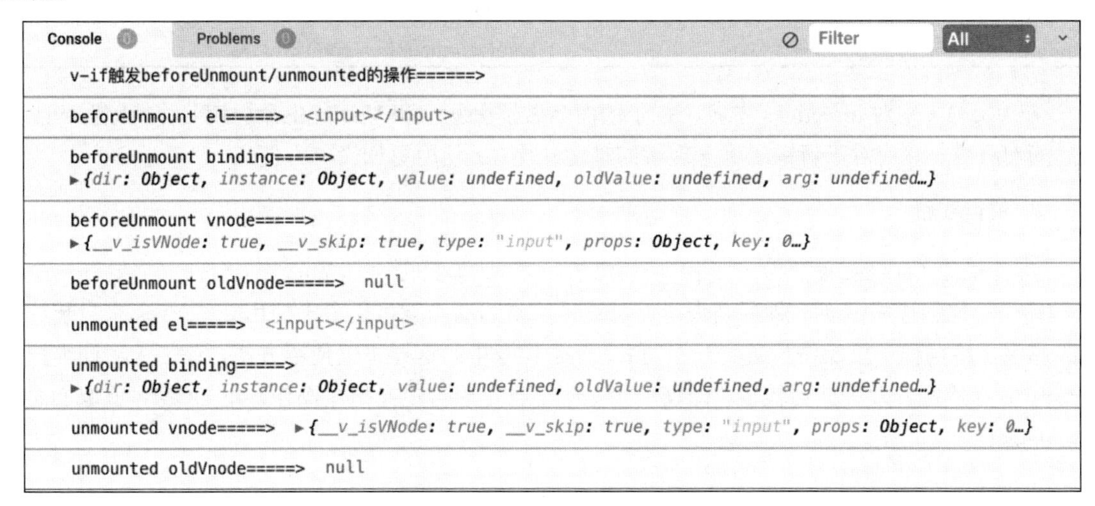

图 2-6　控制台打印出的信息

绑定自定义指令组件被销毁时或者绑定自定义指令组件的父组件被销毁时会触发 beforeUnmount/unmounted 钩子。销毁基本就是通过 v-if 销毁组件。在 Vue 2.0 中，还可以通过 this.$destroy 来销毁组件。

对于各个钩子中参数的含义，官方说明比较详尽，这里只是引用一下，以便于和上述内容联系在一起阅读。

① el 指令绑定到的元素。这可用于直接操作 DOM。

② binding：包含以下 property 的对象。

- instance：使用指令的组件实例。
- value：传递给指令的值。例如，在 v-my-directive="1 + 1"中，该值为 2。
- oldValue：先前的值，仅在 beforeUpdate 和 updated 中可用。值是否已更改都可用。
- arg：参数传递给指令（如果有）。例如，在 v-my-directive:foo 中，arg 为"foo"。
- modifiers：包含修饰符（如果有）的对象。例如，在 v-my-directive.foo.bar 中，修饰符对象为 {foo: true，bar: true}。
- dir：一个对象，在注册指令时作为参数传递。

③ vnode：上面作为 el 参数收到的真实 DOM 元素的蓝图。

④ .prevNode：上一个虚拟节点，仅在 beforeUpdate 和 updated 钩子中可用。

表 2-2 给出了 Vue 2.x 和 Vue 3.x 的用法对比。

表 2-2　Vue 2.x 和 Vue 3.x 的用法对比

Vue 2.x	Vue 3.x
bind	beforeMount
inserted	mounted
update	beforeUpdate
componentUpdated	updated
unbind	beforeUnmount/unmounted

在 Vue 3.x 中对 directives 中各个钩子的命名做了更新，和 Vue 的生命周期名称能够对应上，大大降低了 2.x 时代对于新钩子概念理解的难度，比 2.x 使用更加简单方便。

3. 最佳实践

当很多组件都需要重复做一个相同动作的时候，比如页面刚加载，多个组件就需要有一个配合的动作（比如边框出现 1 秒后消失等），这种重复的动作就可以考虑使用 directives 来封装一个 vue 指令，将同样一段操作封装到一个 directives 指令中。这样不仅使用方便，还便于后期维护。directives 在实际开发中使用较少，即使使用基本上也是用自定义指令操作一下 DOM，就像上面的例子中那样。

4. 总结

虽然 directives 的使用频度不高，但是要了解它能够适用的场景，做到需要时应该能够想到有这样一个 API。

2.4　mixin

mixin 主要用来混入，app.mixin 主要用来进行全局混入。在 mixin 中定义的内容在所有的组件中都能继承，直接使用。混入的好处是能够避免在多个组件中对同样的一段内容进行反复定义，抽离出来在 mixin 中定义一次，增强了代码的可复用性。

1. 学习目的

通过 xiaoming.vue、xiaohong.vue、xiaozhang.vue 三个页面来模拟三个同学都喜欢读书、游泳，并且还有一只同样年龄的宠物猫，但是只有 xiaoming 和 xiaohong 会唱歌。下面通过这个案例来体验 mixin 的优点。

2. 实战练习

首先定义一个全局的 mixin 方法，将三个同学生活中的公共部分抽离出来，形成一个 mixin。

```
import { createApp, h } from "vue";
import App from "./App.vue";

let app = createApp({
  render() {
    return h(App);
  }
});
app.mixin({
  data: function () {
    return {
      petAge: 2 // 三个同学都有一个两岁的宠物猫
    };
  },
  methods: {
    miao() {
      return "喵喵";
    },
    likes() {
      return "我喜欢读书和游泳";
    },
    sing() {
      return "拥有唱歌的技能";
    }
  }
});
app.mount("#app");
```

以下分别是三个同学各自组件的代码：

```
xiaohong.vue
<template>
  <div class="hello">
    <h6>我是小红同学，{{likes()}},{{ sing() }}
,我的{{petAge}}岁的小猫{{petName}}会叫{{miao()}}</h6>
  </div>
</template>

<script>
export default {
  name: "xiaohong",
  data() {
    return {
      petName: "嘻嘻"
    };
```

```
  }
};
</script>
xiaoming.vue
<template>
  <div class="hello">
    <h6>我是小明同学，{{likes()}},{{ sing() }}
,我的{{petAge}}岁的小猫{{petName}}会叫{{miao()}}</h6>
  </div>
</template>

<script>
export default {
  name: "xiaoming",
  data() {
    return {
      petName: "哈哈"
    };
  }
};
</script>
xiaozhang.vue
<template>
  <div class="hello">
    <h6>我是小张同学，{{likes()}},我的{{petAge}}岁的小猫{{petName}}会叫
{{miao()}}</h6>
  </div>
</template>

<script>
export default {
  name: "xiaozhang",
  data() {
    return {
      petName: "嘿嘿"
    };
  }
};
</script>
```

在 App.vue 中引用上述三个组件：

```
<template>
  <div id="app">
    以下是各位同学的自我介绍：
```

```
    <xiaohong></xiaohong>
    <xiaoming></xiaoming>
    <xiaozhang></xiaozhang>
  </div>
</template>
```

最终展示结果如图 2-7 所示。

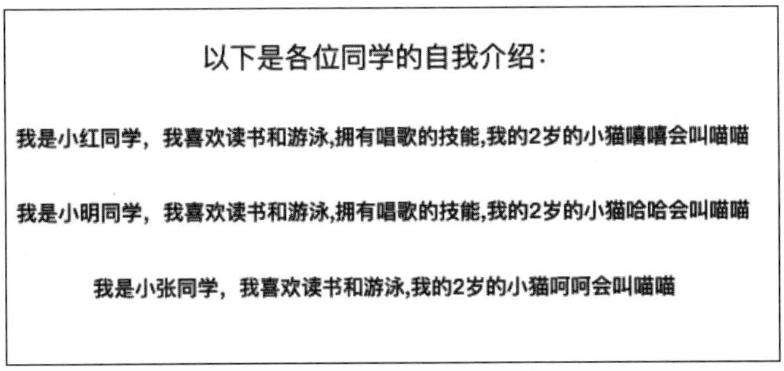

以下是各位同学的自我介绍：

我是小红同学，我喜欢读书和游泳,拥有唱歌的技能,我的2岁的小猫嘻嘻会叫喵喵

我是小明同学，我喜欢读书和游泳,拥有唱歌的技能,我的2岁的小猫哈哈会叫喵喵

我是小张同学，我喜欢读书和游泳,我的2岁的小猫呵呵会叫喵喵

图 2-7　展示结果

实战案例中只展示了使用全局的 mixin，任何一个组件都会继承全局的。当然，你也可以使用局部的 mixin（几个组件共同使用的，不是全局引用的），这样只在需要的组件中引入 mixin 就可以了。通过 mixin 将三个同学共同的部分抽离出来，避免了同样的代码在三个同学的组件中都写一遍，提升了开发的效率，也方便了后期维护（只要维护一处，三处都会生效）。

3. 最佳实践

当你在几个 Vue 组件之间的 data、computed、watch、methods、directives 或者生命周期（beforeCreate，created，beforeMount，mounted，beforeUpdate，updated，activated，deactivated，beforeUnmount，unmounted）之间共同使用一个方法或者变量的时候，首先就应该想到 mixin。当然，你也可以考虑使用 extends，mixin 和 extends 在思想上是相同的。这两个组件其实类似于两个 class 对象，class 对象中也可以把几个类共用的函数或变量抽离出来然后继承。这两者实际上是一个道理。

使用 mixin 会带来一个问题，上面只有 xiaohong、xiaoming、xiaozhang 三个组件就已经暴露出了这个问题，更不要说组件很多的大项目了。例如，当 xiaohong 和 xiaoming 同时具有“唱歌”这个技能但是 xiaozhang 没有这个技能时，sing()函数要不要放到 mixin 中：如果不放到 mixin 中，那么 xiaohong 和 xiaoming 的组件中都要写一遍 sing()这个函数，带来代码的冗余；如果写在 mixin 中，sing()这个函数又会混入 xiaozhang 这个组件中造成污染，因为 xiaozhang 压根不会使用这个函数。这个就是 mixin 一直以来给大家带来的困扰，也就是不能按需使用——要引入 mixin，当前组件就要接受 mixin 中的所有。这个问题在 Vue 3.0 时代被组合式 API 解决了——组合式 API 能够实现按需使用。在 3.0 时代的 Vue 中，如果是每一个组件都使用的变量或者方法，就可以考虑使用 mixin；如果是部分组件使用的，就可以考虑使用组合式 API。

4. 总结

当需要把两个或多个组件之间共用的部分在项目中抽离出来以避免一段代码在各个组件中重复写的时候，往往需要考虑 mixin 或者 extends 方法。如果是少数组件共同使用的变量或者方法，那么可以考虑使用组合式 API 来实现。上述需要区别于 app.use：app.use 是不同项目之间共同使用到的代码的抽离，而 mixin/extends 以及组合式 API 是对同一个项目中不同组件共同使用到的代码的抽离。

2.5 mount

mount 用于将当前实例挂载到指定的 DOM 节点上去。一般来说一个应用完成一次挂载即可，大部分情况下都是在入口文件 main.js 中进行挂载。

1. 学习目的

实例的挂载。

2. 实战练习

main.js 中的代码如下：

```
import { createApp, h } from "vue";
import App from "./App.vue";

let app = createApp({
  render() {
    return h(App);
  }
});
// 当前单页面应用的一些配置都可以在这儿完成
app.mount("#app");
```

3. 最佳实践

使用 mount 最多的是项目的入口文件 main.js。

4. 总结

用于将实例挂载到 DOM 中。

2.6 provide

app.provide 用来做一个全局的注入操作，和 globalProperties 功能比较相似。一旦注入了之后就能够在各个组件中提取出来，但是两者在作用上还是会有所区别。本节主要通过两者的对比使用进行分析。

1. 学习目的

通过 provide 注入一个应用范围内所有组件都可以使用的值；同时对比使用 globalProperties 来定义在所有组件中都可以使用的值，了解各自的优缺点。

2. 实战练习

入口文件 main.js 中的代码如下：

```
import { createApp, h } from "vue";
import App from "./App.vue";
let app = createApp({
  render() {
    return h(App);
  }
});
// 使用 provide 的方式
app.provide("name", "name jackie");
// 使用 globalProperties 的方式
app.config.globalProperties.myName = "myName jackie";
app.mount("#app");
```

在 App.vue 中的代码如下：

```
<template>
  <div id="app">Vue API 实战实例展示</div>
</template>

<script>
export default {
  name: "App",
  inject: ["name"],
  created() {
    console.log(this.name);
    console.log(this.myName);
  },
};
</script>
```

上述代码成功地在控制台中打印出了如下信息：

```
name jackie
myName jackie
```

使用 provide 和使用 globalProperties 可以达到相同的效果。

3. 最佳实践

app.provide 一般用在插件中定义全局的变量，例如：

```
// 在 Vue 2.x 的插件中定义一个全局的变量
Vue.prototype.$loading = ElLoading.service;
```

```
// 在 Vue 3.x 中定义一个全局变量
app.provide("$loading", ElLoading.service);
```

app.config.globalProperties 一般用在当前应用的全局配置中，可能在应用的很多组件中会使用到，例如：

```
app.onfig.globalProperties.appName = "全民健身"
```

注意和 4.5.3 小节中的 provide/inject 做区分，4.5.3 小节主要是介绍在组件中的使用，而不是定义。

4. 总结

app.provide 一般写插件用得比较多，开发应用使用的较少。

2.7 unmount

unmount 与 2.5 节中的 mount 是对应的：mount 是挂载到指定的 DOM 节点上，unmount 是将应用从指点的 DOM 节点上卸载下来。

1. 学习目的

查看应用卸载前和卸载后的区别。

2. 实战练习

main.js 中的代码如下：

```
import { createApp, h } from "vue";
import App from "./App.vue";
let app = createApp({
  render() {
    return h(App);
  }
});
app.mount("#app");
setTimeout(() => {
  app.unmount("#app");
}, 5000);
```

app.vue 中的代码如下：

```
<template>
  <div id="my-app">Vue API 实战实例展示</div>
</template>
<script>
export default {
  name: "App",
```

```
  beforeUnmount() {
    console.log("beforeDestroy 被触发");
  },
  unmounted() {
    console.log("unmounted 被触发");
  },
};
</script>
```

开始时的界面如图 2-8 所示。

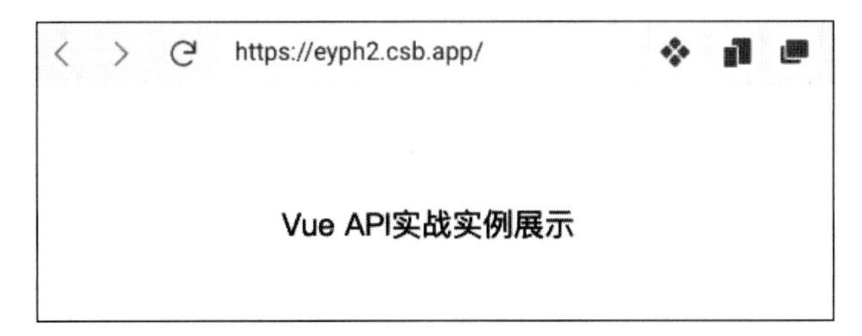

图 2-8　开始界面

浏览器中展示的 DOM 结构如图 2-9 所示。5 秒后进行卸载，界面变为空白，浏览器中展示的 DOM 结构如图 2-10 所示，可见组件的 DOM 被完全移除了。同时控制台中会打印出如图 2-11 所示的信息，说明 unmount 操作可以成功地触发被卸载组件的 beforeDestroy 和 unmounted 生命周期钩子。

```
▼<html lang="en" style>
  ▶<head>…</head>
  ▼<body>
    ▶<noscript>…</noscript>
    ▼<div id="app" data-v-app>
        <div id="my-app">Vue API实战实例
        展示</div> == $0
      </div>
      <!-- built files will be auto
      injected -->
    </body>
</html>
```

图 2-9　移除前展示的 DOM 结构

```
▼<html lang="en" style>
  ▶<head>…</head>
  ▼<body>
    ▶<noscript>…</noscript>
      <div id="app" data-v-app></div> == $0
      <!-- built files will be auto injected -->
    </body>
</html>
```

图 2-10　移除后展示的 DOM 结构

```
beforeDestroy被触发
unmounted被触发
```

图 2-11　控制台中打印的信息

从上述内容可以看出，当使用了 unmount 时，单页面应用中所有的代码都会被移除（例如上例中 App.vue 中的代码）。

3. 最佳实践

app.unmount 实际上是 Vue 2.0 版本中 vm.$destroy 的进化版。和 vm.$destroy 的区别在于，vm.$destroy 只是移除了当前组件的实例，页面中已经渲染组件的 DOM 依然还在，并不会移除，但是 app.unmount 不仅移除了当前组件的实例，还将浏览器中的 DOM 也移除了。

在需要卸载一个组件的时候，除了 app.unmount 之外，还可以使用 v-if 来销毁组件。v-if 和 unmount 的效果相同，会将组件的实例移除，同时会将组件在浏览器中的 DOM 移除并会触发被销毁组件的 beforeDestroy 和 unmounted 两个生命周期钩子。两者的差别在于，v-if 为声明式；而 unmount 为命令式，可以直接在 js 代码中使用。如果要销毁的组件是根组件，因为其已经没有父组件了，不方便使用 v-if，所以使用 unmount 来卸载会更加方便。

4. 总结

在开发中，需要卸载一个组件时，应该快速考虑使用 v-if 或者 unmount。因为 v-if 的使用更加方便，所以大部分情况下还是使用 v-if。

2.8 use

app.use 主要是用在插件的安装上，往往是在项目的入口文件（比如 main.js）中。被 use 的插件很多是 NPM 中的项目。在必要的时候，也可以封装插件以供团队使用。这样可以避免反复开发同一个功能。

1. 学习目的

通过一个打 log 日志的小插件来了解插件的使用以及 app.use 的实现原理。

2. 实战练习

在 sayHello.js 插件文件中添加如下内容：

```
var install = function (app) {
  app.config.globalProperties.sayHello = function () {
    console.log("hello,i am a plugin");
  };
};
export default install;
```

在 main.js 中使用这个插件：

```
import { createApp, h } from "vue";
import App from "./App.vue";
import sayHello from "./sayHello";
let app = createApp({
  render() {
    return h(App);
```

```
  },
  created() {
    this.sayHello();
  }
});
app.use(sayHello);
app.mount("#app");
```

最后成功地打印出如下信息：

```
hello,i am a plugin
```

Vue 源代码中对 app.use 的定义如下：

```
use(plugin: Plugin, ...options: any[]) {
    if (installedPlugins.has(plugin)) {
      __DEV__ && warn(`Plugin has already been applied to target app.`)
    } else if (plugin && isFunction(plugin.install)) {
      installedPlugins.add(plugin)
      plugin.install(app, ...options)
    } else if (isFunction(plugin)) {
      installedPlugins.add(plugin)
      plugin(app, ...options)
    } else if (__DEV__) {
      warn(
        `A plugin must either be a function or an object with an "install" `
+ `function.`
      )
    }
    return app
  },
```

从中可以看出，实际上 use 中最核心的部分是“plugin(app, ...options)”和“plugin.install(app, ...options)”这两句，本质上也就是调用了一下 plugin 中的 install 方法。app.use 的原理比较简单，就是把定义的 install 方法执行了一遍。

因为 Vue 框架在插件 install 函数中暴露了 app 实例，所以在实际的开发中能挂载到 app 实例上的都可以在 install 函数中实现，然后通过 app.use 将插件快速使用到各个项目中。下面给出在 install 函数中经常出现的一些定义：

```
var install = function(app, options) {
    // 定义一个混入
    app.mixin({...})
    // 定义一个实例方法
    app.config.globalProperties.method = function) {...}
    // 添加全局指令
```

```
    app.directive({...})
    // 可以说在第 2 章中介绍的所有“全局 API”都可以定义到插件中
}
export default install;
```

注意，不要滥用插件，多个项目都需要使用时才抽离成一个 Vue 插件，然后封装成一个 Npm 包。

3. 最佳实践

app.use 在 Vue 中的作用主要是帮助团队将一些在各个部门中都需要使用的公共的与业务无关的部分从现有的业务中抽离出来，形成一个独立的和业务无关的第三方库，以便下次在项目中直接通过 use 使用。NPM 上就有大量的第三方库或者组件等，可以采用这种方法引入。例如，moment、element-ui 等都属于与业务无关但是又经常使用的公共部分，热心的程序员就将他们抽离出来形成了第三方库。如果平时在开发业务的时候遇到常见的场景，就可以抽离出来上传到 NPM 等第三方库中，以帮助别人节省开发时间，为开源做一点贡献。

4. 总结

当有需要跨项目使用的公共组件、库甚至是公用的方法等时，就应该使用 app.use 来抽离这些公共的部分，以便跨项目使用。

第 3 章

全局 API

全局 API 主要是在各个组件中使用，和应用 API 的区别在于，应用 API 是挂载在 App 上，通过 app.xxx 的方式进行应用的，而全局 API 在所有的组件中都可以使用，所以才称之为全局。

全局 API 都可以通过下述方式进行引用：

```
import {createApp, defineComponent, defineAsyncComponent, resolveComponent, resolveDynamicComponent, resolveDirective, createRenderer, nextTick} from 'vue';
```

以这样的方式来进行引用，主要是为了配合 Vue 3 中的 tree-shaking。全局 API 正如其名，可以在全局任意一个组件中直接使用上述方法进行引用。

Vue 2.x 和 Vue 3.x 全局 API 的对比如表 3-1 所示。

表 3-1　Vue 2.x 和 Vue 3.x 全局 API 的对比

Vue 2.x	Vue 3.x
Vue.extend	被修改 在 Vue 3.x 中可以使用 defineComponent 来实现 2.x 中 Vue.extend 的功能
Vue.nextTick	沿用 import {nextTick} from 'vue'
Vue.set	弃用 在 Vue 3.0 中使用 Proxy 的方案代替了原有的 defineProperty 方案，使得 Vue 3.0 能够直接监听数组和对象的变化，所以无须 Vue.set 的存在
Vue.delete	弃用 原因同上
Vue.directive	沿用 directive 由过去在 2.x 中的全局级别移动到了 3.x 中应用的级别。在 3.x 中使用 app.directive。因为各个 app 是隔离的，所以使用 Vue.directive 是没有意义的
Vue.filter	弃用 在 3.0 中建议使用方法调用或者计算属性来替代 2.0 中的 filter

（续表）

Vue 2.x	Vue 3.x
Vue.component	沿用 component 由过去在 2.x 中的全局级别移动到了 3.x 中应用的级别。在 3.x 中使用 app.component
Vue.use	沿用 use 由过去在 2.x 中的全局级别移动到了 3.x 中应用的级别。在 3.x 中使用 app.use
Vue.observable	被重命名 observable 在 Vue 2.x 中被 reactive 取代，主要是为了避免与 RxJS 中的 observables 混淆，因此对其重命名
Vue.version	沿用 通过 import {version} from 'vue'可以使用
无	createApp（新增）
无	defineAsyncComponent（新增）
无	resolveComponent（新增）
无	resolveDynamicComponent（新增）
无	resolveDirective（新增）
无	withDirectives（新增）
无	createRenderer（新增）

3.1 createApp

createApp 主要用于应用的创建，可以创建出一个独立的实例。从硬件的角度来讲，通过 createApp 也就会在物理的存储盘上划分出一个存储空间来存储当前的实例，以及实例中包含的各种属性。

1. 学习目的

了解 createApp 中两个传参的含义。

2. 实战练习

main.js 中的代码如下：

```
import { createApp, h } from "vue";
import App from "./App.vue";
let app = createApp(
  {
    render() {
      return h(App);
    }
  },
```

```
  { likes: ["films", "sports"] }
);

app.mount("#app");
```

app.vue 中的代码如下：

```
<template>
  <div id="app">
    Vue API 实战实例展示
    <br />
    {{ likes }}
  </div>
</template>
<script>
export default {
  name: "App",
  props: {
    likes: Array,
  },
};
</script>
```

页面展示的结果如图 3-1 所示。

图 3-1　页面展示的结果

从上述内容可以看出，createApp 主要可以接收两个参数：第一个参数是 options 选项，第二个参数是传递到组件中的 props 初始化的内容。

3. 最佳实践

在 Vue 2.x 版本中是没有这样的一个 API 的，2.x 中应用的创建是通过 new Vue()的方式创建的，在 3.x 中就是通过新增的 createApp 来进行创建了。

在两个参数中，第二个参数比较好理解，组件中定义了什么样的参数就传递什么样的参数。第一个参数 options 选项中的内容就是第 4 章中所有的内容。这里再整理一下，方便读者理解和阅读。

```
let app = createApp({
   // data 数据类别
```

```
    data: ...,
    props: ...,
    computed: ...,
    methods: ...,
    watch: ...,
    emits: ...,
    // DOM 相关
    template: ...,
    render: ...,
    // 生命周期相关
    beforeCreate: ...,
    created: ...,
    beforeMount: ...,
    mounted: ...,
    beforeUpdate: ....,
    updated: ....,
    activated: ...,
    deactivated: ...,
    beforeUnmount: ...,
    unmounted: ...,
    errorCaptured: ...,
    renderTracked: ...,
    renderTriggered: ...,
    // 资源相关
    directives: ...,
    components: ...,
    // 组合相关
    mixins: ...,
    extends: ...,
    provide/inject: ...,
    setup: ...,
    // 杂项
    name: ...,
    delimiters: ...,
    inheritAttrs: ...
});
```

以上这些都可以写到 createApp 的第一个参数 options 对象中。

4. 总结

原有的 Vue 2.x 版本中使用 new Vue()创建应用被 Vue 3.x 中的 createApp()所取代。

3.2　defineComponent

defineComponent 是在 Vue 3.x 中新增的 API，主要用来进行组件的定义。使用 defineComponent 和 TypeScript 是一对较好的搭档。大部分情况下使用 defineComponent 都是为了更好地结合 TS 进行类型推断和提示。

1. 学习目的

对比不使用 defineComponent 和使用 defineComponent 的优缺点。

2. 实战练习

先来看一下 defineComponent 的定义：

```
export function defineComponent(options: unknown) {
  return
  isFunction(options) ? { setup: options, name: options.name }
  : options
}
```

实际上 defineComponent 就是对 setup 函数的封装，返回的是 options。为什么不直接使用 options，而要用 defineComponent 来包装呢？主要是要让 TypeScript 正确推断 Vue 组件选项中的类型，需要使用 defineComponent 这个全局方法来进行组件的定义。接下来通过实例看一下 defineComponent 的使用和不使用 defineComponent 的正常模式下有什么重要差别。

在图 3-2 中，左侧为使用 JS 的开发模式，右侧为使用 TS 的开发模式。在 TS 的开发模式下，使用 defineComponent 会自动推断变量的类型以及可用的方法，并且给出错误提示，在 JS 的开发模式下则没有任何错误提醒。

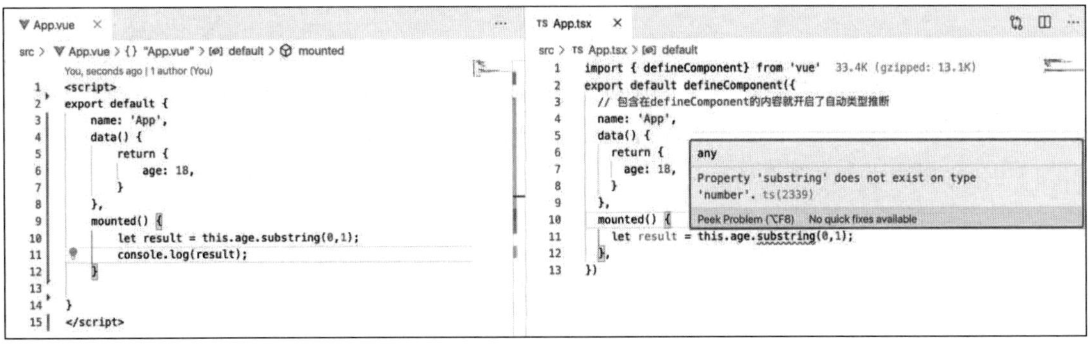

图 3-2　使用 JS 和 TS 的开发模式

所以，一定要记住 Vue 官网上的这句话：

要让 TypeScript 正确推断 Vue 组件选项中的类型，需要使用 defineComponent 全局方法定义组件。

TypeScript 和 defineComponent 可以说是一队黄金搭档。有了 defineComponent，在 TS 中写代码就可以省去很多类型的定义，TS 会自行进行推断，鼠标悬停之后出现自动判断的类型提示，如图 3-3 所示。

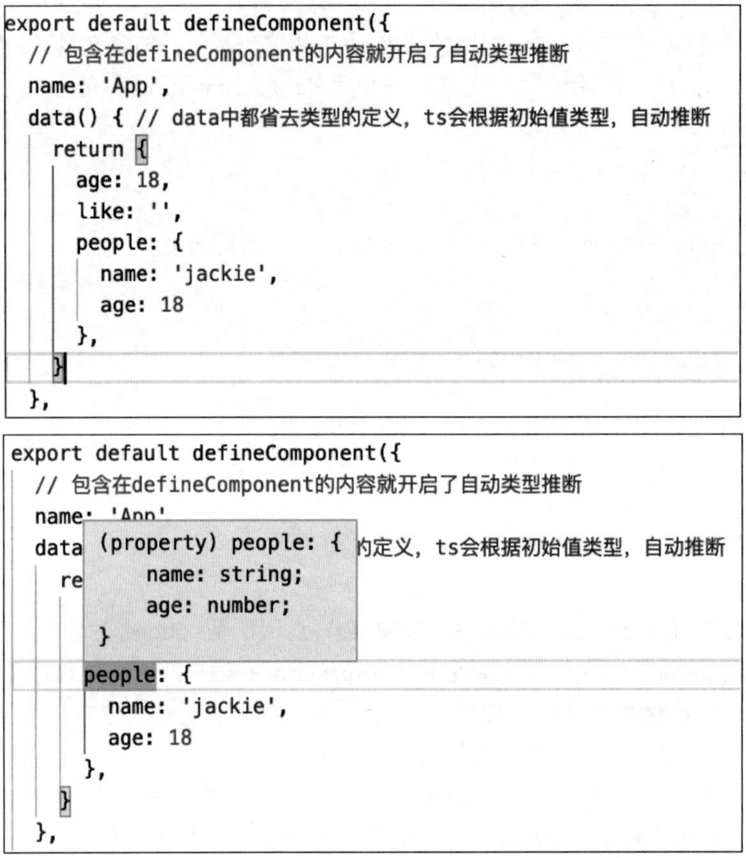

```
export default defineComponent({
  // 包含在defineComponent的内容就开启了自动类型推断
  name: 'App',
  data() { // data中都省去类型的定义，ts会根据初始值类型，自动推断
    return {
      age: 18,
      like: '',
      people: {
        name: 'jackie',
        age: 18
      },
    }
  },
```

```
export default defineComponent({
  // 包含在defineComponent的内容就开启了自动类型推断
  name: 'App'
  data (property) people: {
          name: string;
          age: number;
       }                    的定义，ts会根据初始值类型，自动推断
    re
      people: {
        name: 'jackie',
        age: 18
      },
    }
  },
```

图 3-3　自动判断的类型提示

需要注意的是，与第 4 章中的“选项式 API”结合使用的时候，TypeScript 可以做到不显示定义类型的情况下推断出大多数的类型，例如上例中展示的对于 people 类型的定义。由于 Vue 声明文件的循环特性，TypeScript 难以对 computed 做出类型推断，因此可能需要写明类型（如果不写明，TS 也可以推断出一些类型）：

```
// 注意，computed 中需要手动添加类型的定义
  computed: {
    height(): number { // 需要添加返回类型
      return this.age + 1;
    },
    guessLikes: { // getter、setter 时需要手动写明类型
      get(): string {
        return 'films';
      },
      set(value: string) {
```

```
        this.like = value;
      }
    }
  },
```

除了对第 4 章的“选项式 API”中大多数情况可以给出推断外，还可以对组合式 API 开发做出推断。例如：

```
// 无须写明 props 类型，TypeScript 会根据 props 定义时的类型自动推断
  setup(props) {
    // 1.1 ref 的类型推断的使用
    // 同样无须添加 ref 定义的类型，TypeScript 同样会根据初始值做推断
    let age = ref(60);
    // 如果要强制定义符合类型，那么可以手动写明类型
    let myAge = ref<string | number>('六十');

    // 1.2 reactive 中类型推断的使用
    // reactive 中的内容也会被自动推断内容
    let people = reactive({name: 'jackie'});
    // 如果需要强制定义类型，可以使用这种方式手动写明
    let myself:Person = reactive({name: 'jackie'});

    // 1.3 computed 中类型推断的使用
    let time = computed(() => 5*3); // 会进行自动类型的推断，判断 time 为数值类型
  }
```

有了这些推断，使得在 Vue 中使用 TypeScript 开发更加方便，而无须像之前 2.x 时代都需要结合 vue-class-component 对 Vue 代码有很强的侵入性并且需要各种显式的定义类型才能够使用 TypeScript。有了 TypeScript+defineComponent 之后，使得之前写的 JavaScript 代码几乎可以直接挪到 TypeScript 代码中，而无须做修改。

除了和 TypeScript 的集合使用之外，还可以用来直接定义一个组件，功能上和 2.x 中的 Vue.extend 和 Vue.component 比较相似。

```
<template>
  <Title/>
</template>
<script>
import { defineComponent, h } from 'vue';

export default {
    name: 'App',
    components: {
        Title: defineComponent({
            render() {
```

```
                return h('div', '标题内容');
            }
        })
    }
}
</script>
```

3. 最佳实践

在使用 TypeScript 的时候，需要结合 defineComponent 来定义 Vue 组件。这样可以取代 2.0 中结合 vue-class-component/vue propertyDecorator 使用 TS 的困境，同时免去了大量显式声明类型的过程。因为 3.x 中移除了 Vue.extend，并且 Vue.component 从全局定义改为 app.component 这种单个应用的定义，所以在 3.x 中如果需要定义全局组件，就需要考虑使用 defineComponent 来进行定义。

4. 总结

使用 TypeScript 时需要考虑结合 defineComponent 来定义组件。需要定义全局组件的时候，也可以考虑使用 defineComponent 来进行。

3.3 defineAsyncComponent

defineAsyncComponent 主要是为了异步加载组件的定义。在 Vue 2.x 中可以通过动态 import 方式进行异步加载组件的定义，在 Vue 3.x 中则新增了 defineAsyncComponent 这样一个接口来进行显式的定义，更加有利于检索在组件中有哪些组件是异步组件，有利于项目的维护。

1. 学习目的

（1）探究异步组件的加载原理。

（2）了解高阶使用时各个参数具体的实际含义。

2. 实战练习

使用同步的方式加载 HelloWorld 组件：

```
<template>
  <div id="app">
    <AsyncHelloWorld />
  </div>
</template>

<script>
import HelloWorld from "./components/HelloWorld";
export default {
  name: "App",
  components: {
```

```
      AsyncHelloWorld: HelloWorld
    },
  };
  </script>
```

查看控制台中所获取的文件，如图 3-4 所示。

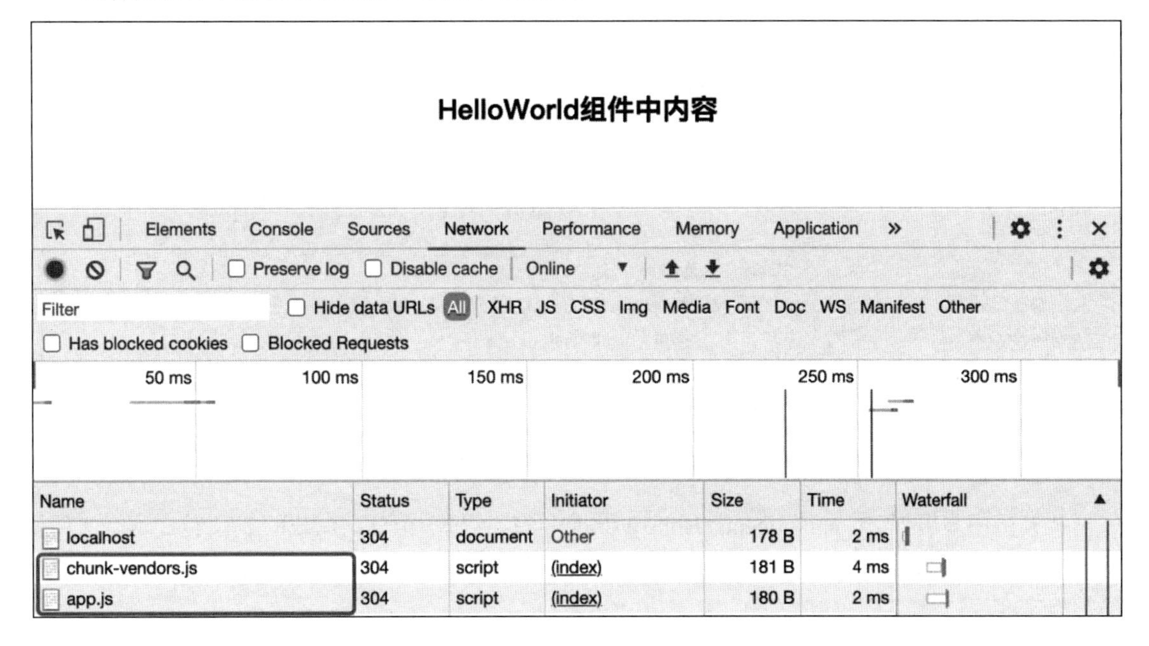

图 3-4　控制台中所获取的文件

将 HelloWorld 组件修改为使用异步组件加载：

```
  <template>
    <div id="app">
      <AsyncHelloWorld />
    </div>
  </template>

  <script>
  import { defineAsyncComponent } from "vue";
  export default {
    name: "App",
    components: {
      AsyncHelloWorld: defineAsyncComponent(() =>
import("./components/HelloWorld")),
    },
  };
  </script>
```

查看控制台中的内容，如图 3-5 所示。

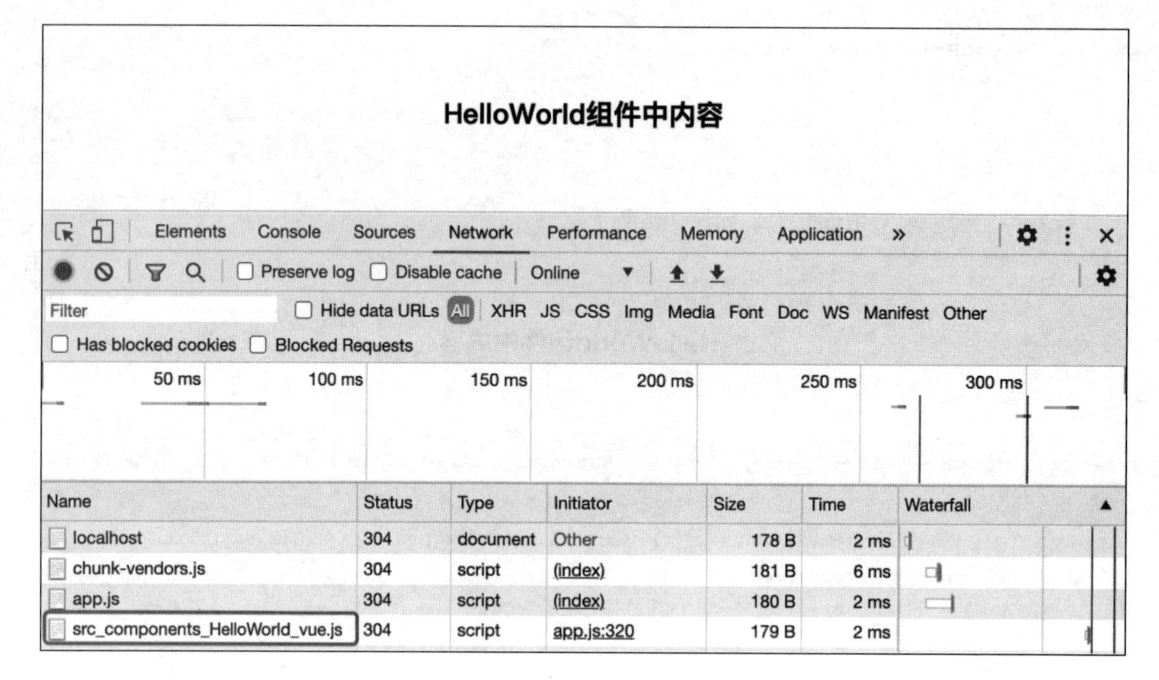

图 3-5　HelloWorld 组件中的内容

控制台中多出了 src_components_HelloWorld_vue.js 这样一个分离加载的 js 文件。这个文件就是将 helloworld.vue 组件分离出来单独进行加载的，有效地减少了 app.js 文件的大小，加快了首屏的加载速度。

上述只是异步组件加载的基本使用方法，其实步组件还有如下的高级使用方法：

```
// 异步组件的高级使用方法
import{ defineAsyncComponent }from'vue'
const AsyncComponent = defineAsyncComponent({
    loader: () => import('./HelloWorld.vue'),
    loadingComponent: LoadingComponent,
    errorComponent: ErrorComponent,
    delay: 200,
    timeout: 3000,
    suspensible: true,
    oneError(error, retry, fail, attempts) {
        if(error.message.match(/fetch/)&& attempts <=3){
            retry();
        } else {
            fail();
        }
    }
})
```

下面对高阶用法中的参数做一个说明：

- loader：在 Vue 2.x 中，名称是 component，之所以要在 Vue 3.x 中修改为 loader，是为了传达其传值是不能直接提供组件定义的，而是要传入一个函数，也就是下面这样。

```
// Vue 2.x 中可以这样
const AsyncComponent = () => ({
   component: import('./HelloWorld.vue'),
})
// Vue 3.x 中需要这样
const AsyncComponent = () => ({
   loader: () => import('./HelloWorld.vue'),
})
```

- loadingComponent：从上述异步加载的原理来看，异步组件是单独打包成一个包后进行加载的，所以传输需要时间。这时可以暂时先用一个 loadingComponent 替代一下。等异步组件加载完成后，还替换成异步组件。
- errorComponent：在异步组件加载出错的时候可以使用 errorComponent 来进行兜底，不至于使得原来应该显示异步组件的地方空白了。
- delay：默认是 200ms，用于控制在显示 loadingComponent 之前的延迟。
- timeout：默认值是 infinity，表示永久不会超时。当设置了 timeout 之后，上述提及到的 src_components_HelloWorld_vue.js 如果在规定的 timeout 时间内还没有加载出来，就会显示 errorComponent 中定义的错误组件。
- supensible：默认为 true。这个概念是从 react 中学习过来的，可以将上述<AsyncHelloWorld />的加载理解为下面这样一段代码：

```
<Suspense>
   <template #default>
      <HelloWorld />
   </template>
   <template #fallback>
      <div>Loading...</div>
   </template>
</Suspense>
```

如果恰好此时，HelloWorld 中有这样的一段异步获取数据的代码，并且获取的代码需要显示到界面中去。

```
export default {
  async setup () {
    const user = await fetchUser()
    return { user }
  }
}
```

当开启了 supensible 的时候，HelloWorld 组件在页面中应该被显示出来的地方就会被 Loading 组件取代，一直等到 fetchUser 的数据返回之后才会渲染出 HelloWorld 组件。如果没有打开 supensible，那么在 src_components_HelloWorld_vue.js（也就是 HelloWorld 组件的框架）获取到之后，就会立刻展示出来，而不会等待 fetchUser（通过一个接口去拉取后端数据，和 src_components_HelloWorld_vue.js 不是一个概念）获取到接口的数据，这样 HelloWorld 组件就会先展示一个空的组件，然后 fetchUser 获取到数据后页面中又会闪现出来，用户体验就没有 supensible 开启好了。

onError 中有四个参数：error 主要用来展示错误的信息，retry 尝试重新去获取组件，fail 表示拉取异步组件时失败，attempts 表示尝试重新拉取异步组件的次数。

3. 最佳实践

在 Vue 2.x 中，异步组件都不是显式定义的，使用时大多直接通过以下方式进行引用。

```
components: {
  'AsyncComponent': () => import('./components/AsyncComponent.vuet')
}
```

到了 Vue 3.x 中，修改为了显式地定义异步组件了，这样也更加便于代码的阅读和检索。

```
components: {
  AsyncComponent: defineAsyncComponent(() =>
    import('./components/AsyncComponent.vue')
  )
 }
```

实际的使用过程中很少用到异步组件的高阶模式，大多数情况下直接通过 defineAsyncComponent 进行定义和使用就可以了。

4. 总结

做到能够熟练掌握异步组件简单模式的使用，同时了解高阶模式下各个参数的含义，以备不时之需。

3.4 resolveComponent

resolveComponent 也是一个新增的接口，主要是在渲染函数中进行使用。因为是一个比较抽象的概念，所以需要通过看下面的实战来了解具体的作用。

1. 学习目的

对比 Vue 2.x 和 Vue 3.x 对于全局组件的使用，了解接口 resolveComponent 存在的意义。

2. 实战练习

Vue 2.x 中全局组件的注册和使用如下：

```
import Vue from 'vue';
Vue.component('helloworld', {
  render(h) {
    return h('div', 'this is helloworld');
  }
});
new Vue({
  el: '#app',
  render: h => h('helloworld')
});
```

如果在 Vue 3.x 中使用类似的写法，就将无法渲染 helloworld 组件。下面这种情况渲染出来的结果是<helloworld></helloworld>而不是<div>this is helloworld</div>。

```
import {createApp, h} from 'vue';
const app = createApp({
    render: () => h('helloworld')
});
app.component("helloworld", {
    render() {
      return h('div', 'this is helloworld');
    }
});

app.mount('#app');
```

这时如果将 createApp 中的 render 修改成如下这样就可以了。

```
import {h, resolveComponent } from "vue";
const app = createApp({
    render: () => h(resolveComponent('helloworld'))
});
```

为什么到了 3.x 中就不能够直接通过组件的名称字符在 h 渲染函数中直接使用了呢？Vue 的作者在一篇文档中是这样讲的：

```
    With VNodes being context-free, we can no longer use a string ID (e.g.
h('some-component') to implicitly lookup globally registered components. Same for
looking up directives. Instead, we need to use an imported API:
    import { h, resolveComponent, resolveDirective, withDirectives } from 'vue'
    export default {
      render() {
        const comp = resolveComponent('some-global-comp')
        const fooDir = resolveDirective('foo')
        const barDir = resolveDirective('bar')
```

```
    // <some-global-comp v-foo="x" v-bar="y" />
    return withDirectives(
      h(comp),
      [fooDir, this.x],
      [barDir, this.y]
    )
  }
}
```

This will mostly be used in compiler-generated output, since manually written render function code typically directly import the components and directives and use them by value.

3. 最佳实践

在 Vue 3.x 中，在 h 渲染函数中使用全局组件需要使用 resolveComponent 显式声明。相对来说使用还是比之前麻烦了一点，但是随着 Vue 对于 jsx 以及 tsx 的支持越来越好，可以直接考虑在 render 函数中使用 jsx 或者 tsx 语法来进行代码的编写，一些特殊场景（如多个 v-if/v-else-if 使用 h 渲染函数的方式更为优越）除外。

4. 总结

Vue 2.x 中的 h 渲染函数可以获取到 context 上下文，这样根据字符名称就可以获取到全局注册过的组件，但是在 Vue 3.x 中 h 渲染函数是一个独立的函数，无法获取到 context 上下文，所以 h 渲染函数无法根据字符查询到全局组件，只能够通过显式方式引入。同样地，对于全局定义的指令，Directive 也需要通过显式方式引用才可以在 h 渲染函数中进行使用。

虽然在 h 渲染函数中有所改变，但是在下面这两种情况下还是可以正常使用全局组件的，不需要显式声明后才能使用。

情况一：template 模板中可以直接使用。如下为 main.js 中引入的 App.vue 中的代码，可以直接使用 main.js 中注册好的全局 helloworld 组件。

```
<template>
  <div id="app">
      <helloworld/>
  </div>
</template>
```

情况二：jsx 模板中可以直接使用。如下为 main.js 中引入的 App.vue 中的代码，可以在 jsx 直接使用 main.js 中注册好的全局 helloworld 组件。

```
render() {
     return <helloworld />;
}
```

在 Vue 3.x 中，h 渲染函数使用全局组件时需要用 resolveComponent 显式声明，建议在 render 函数中使用 jsx 或 tsx 语法。

3.5 resolveDynamicComponent

3.4 节中的 resolveComponent 是用来进行固定组件使用的，resolveDynamicComponent 是用来进行动态组件定义的，两者基本是相对应的。resolveDynamicComponent 主要用在不同的组件之间的切换。

1. 学习目的

展示一下 resolveDynamicComponent 的实际使用。

2. 实战练习

编写一个使用动态组件展示 A/B 两个组件切换的场景。
main.js 中的代码如下：

```
import {createApp, h} from 'vue'
import App from './App.vue'
const app = createApp({
    render() {
        return h(App);
    }
});
app.component("tab-a", {
    template: `这是组件 A 中显示的内容`
  });

app.component("tab-b", {
    template: `这是组件 B 中显示的内容`
});

app.mount('#app');
```

App.vue 中的代码如下：

```
<script>
import { h , resolveDynamicComponent} from "vue/dist/vue.esm-bundler.js";
export default {
  name: "App",
  data() {
    return {
      currentTab: 'a'
    };
  },
```

```
  render() {
    let that = this;
    return h('div', {}, [
      h("button", {
        onClick: function() {
          that.currentTab = that.currentTab === 'a' ? 'b' : 'a';
        }
      }, 'Toggle A/B'),
      h('br'),
      h(resolveDynamicComponent('tab-' + this.currentTab))
    ],
    );
  },
};
</script>
```

最终显示的结果如图 3-6 所示。

单击按钮后如图 3-7 所示。

Toggle A/B
这是组件A中显示的内容

图 3-6　组件中的内容

Toggle A/B
这是组件B中显示的内容

图 3-7　单击按钮后组件中的内容

3. 最佳实践

resolveDynamicComponent 和 resolveComponent 也是显式进行调用的，都只能用在 render 或者 setup 函数中。动态组件在 jsx/tsx 或者 template 中使用的时候都可以直接使用字符名称进行绑定。相比较 Vue 2.x 时代，比直接使用 h('dynamic-component-name')要稍微麻烦一些，所以和在 resolveComponent 中所说的一样，建议使用 jsx/tsx 来进行渲染。

4. 总结

在 h 渲染函数中使用时，如果组件的名称是静态的就用 resolveComponent，如果组件的名称是动态的就用 resolveDynamicComponent 来获取组件。

3.6　resolveDirective/withDirectives

resolveDirective 用于显式地解析指令，而 withDirectives 则用于显式地使用指令。这些相比于 Vue 2.x 中直接使用指令都更加加强了代码的可维护性，能够对指令的使用情况一目了然。

1. 学习目的

对比 Vue 2.x 和 Vue 3.x 的指令使用差别，了解 resolveDirective/withDirectives 的使用场景。

2. 实战练习

通过一个 v-demo 的实例（只要添加了 v-demo 指令就会自动在当前节点后面自动添加一段 demo 的说明）来了解 resolveDirective/withDirectives 的使用。

在 2.x 中模板以及 render 函数中使用 directive：

```
// 模板中使用的情况
<template>
  <div v-demo:foo.bar="description">
    内容展示区域
  </div>
</template>
```

指令的定义代码如下：

```
Vue.directive("demo", {
  bind(el, binding) {
    const demoDesc = `【directive 自动添加节点说明】当前指令 arg：${binding.arg}。
当前指令 value: ${binding.value}。当前指令 modifier: ${JSON.stringify(binding.
modifiers)},`
    el.append(demoDesc);
  }
});
```

```
// 使用 render 函数替代 template 模板中的使用
<script>
export default {
  name: "App",
  render(h) {
    return h('div', {
      directives: [
        {
          name: 'demo',// 指令的名称,不包含 v-。这里最终的结果就是 v-demo
          value: '后天下雨，请带好雨具',// 指令表达式的值，如 v-demo="myName"，然后
myName 在 Vue data 中的定义为"jackie"，这个 value 就是 myName
          arg: 'foo',// 传给指令的参数，如 v-demo:foo 中的参数 foo
          modifiers: {
            bar: true
          }
        }
      ],
    }, '内容展示区域')
  }
};
</script>
```

在 Vue 3 中的使用方法如下：

在模板中的使用和在 Vue 2 中的相同：

```
<div v-demo:foo.bar="description">
  内容展示区域
</div>
```

指令的定义代码如下：

```
app.directive("demo", {
    mounted(el, binding, vnode, prevNode) {
        const demoDesc = `【directive 自动添加节点说明】当前指令 arg:${binding.arg}。
当前指令 value: ${binding.value}。当前指令 modifier:
${JSON.stringify(binding.modifiers)},`
        el.append(demoDesc);
    }
});
```

在 render 渲染函数中的使用如下：

```
<script>
import { h , resolveDirective, withDirectives} from "vue";
export default {
  name: "App",
  data() {
    return {
      description: '后天下雨，请带好雨具'
    };
  },
  render() {
    const demoDirective = resolveDirective('demo');
    return withDirectives(h('div', {}, '内容展示区域'), [
      [demoDirective, '后天下雨，请带好雨具', 'foo', {bar: true}]
    ]);
  }
};
</script>
```

最终的显示结果如下：

内容展示区域 【directive自动添加节点说明】当前指令arg：foo。当前指令value: 后天下雨，请带好雨具。当前指令modifier: {"bar":true},

withDirective 除了用在自定义的指令之上，还可以使用 Vue 自带的指令，如 vShow 等。

3. 最佳实践

Vue 2.x 和 3.x 对自定义指令的使用在模板中的用法是一致的，在 JS 代码中只是换了一个形式而已。3.x 中更多的是显式使用。在实际开发中，基本不怎么会手写 h 渲染函数。大部分情况都可以使用 jsx/tsx 取代。

4. 总结

需要了解自定义指令在 2.x 和 3.x 中的区别，使用频率虽低，但也要做到熟悉。

3.7 createRenderer

createRenderer 用于自定义一个渲染函数，主要是用来实现 Vue 跨平台的操作，通过这样一个函数来达到不同平台生成不同渲染代码的目的。能够实现自定义的 render 模式是一个较为高阶的接口。因为这个接口覆盖的内容较多，展开讨论能写很多的章节，所以这里就不展开讨论了。这一节主要是带领读者对 createRenderer 的功能有个初步的了解，能够知道 createRenderer 的具体作用。

1. 学习目的

了解 createRenderer 在实际开发中的作用。

2. 实战练习

以下为使用 createRenderer 的基本方法：

```
import {createRenderer} from 'vue'
import App from './App.vue'
// nodeOps 中包含了所有用于操作节点的方法
const nodeOps = {
   createElement(){/* ... */},
   createText(){/* ... */}
   ... // 其他接口
};
const patchProp = (el, key, prevValue, nextValue) => {
   el.props[key] = nextValue;
};
const {render, createApp} = createRenderer({
   patchProp,
   ...nodeOps
});
const app = createApp(App);
app.mount("#app");
```

3. 最佳实践

在以上案例中，createRenderer 中的 nodeOps 可以用来实现跨平台的功能，例如 nodeOps 中的 createElement 函数。如果此时 Vue 是使用在网页中，就可以在其中填写 document.createElement 来创建元素，以在网页中显示元素。如果此时 Vue 被挪到安卓系统中，那么绘制页面就需要调用安卓平台创建元素的接口；挪到其他嵌入式系统中，就需要调入嵌入式系统绘制页面的入口，这样就可以使得 Vue 能够在其他平台中运行。

4. 总结

createRenderer 主要是用来创建自定义的渲染函数的，用来支持 Vue 跨平台的渲染。

3.8 nextTick

nextTick 用来等待 DOM 节点加载出来之后才执行其中的函数，保证能够成功地获取到 DOM 节点，而不至于在获取 DOM 节点时报出类似“undefined”之类的错误。nextTick 在很多场景下都有使用，是一个使用频率较高的接口。

1. 学习目的

验证 nextTick 的触发时机是否是等待子组件全部渲染完成后才执行。

2. 实战练习

nextTick()的用法是在下次 DOM 更新循环结束之后执行延迟回调。可以在修改数据之后立即使用这个方法，获取更新后的 DOM。

验证 nextTick 是否是等待子组件全部渲染完成后才执行。在父子组件的 mounted 函数中分别进行日志的打印。

在 App.vue 中的代码：

```
<template>
  <div id="app">
    <HelloWorld msg="Hello Vue" />
  </div>
</template>
<script>
import {nextTick} from 'vue'
import HelloWorld from "./components/HelloWorld";
export default {
  name: "App",
  components: {
    HelloWorld,
  },
  mounted() {
```

```
    console.log("App.vue mounted");
    nextTick(() => {
      console.log("App.vue nextTick");
    });
  },
};
</script>
```

在子组件 HelloWorld 中的代码：

```
<template>
  <div class="hello">
    <h1>{{ msg }}</h1>
  </div>
</template>

<script>
import {nextTick} from 'vue'
export default {
  name: "HelloWorld",
  props: {
    msg: String
  },
  mounted() {
    console.log("HelloWorld.vue mounted");
    nextTick(() => {
      console.log("HelloWorld.vue nextTick");
    });
  }
};
</script>
```

结果如图 3-8 所示，表明的确是等待子组件都渲染完成后父组件的 nextTick 才会执行。

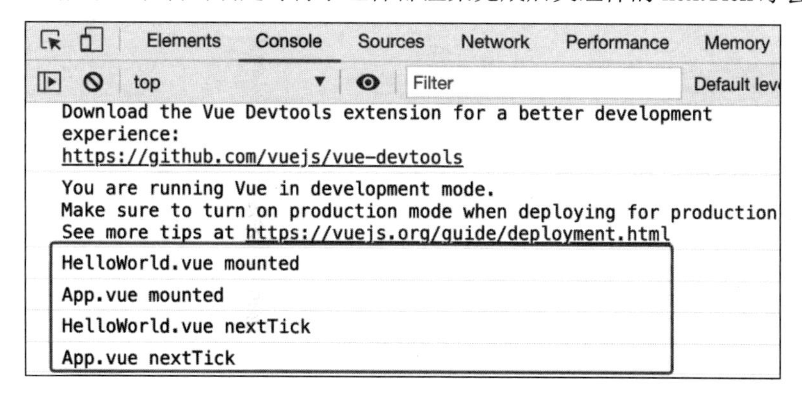

图 3-8 子组件都渲染完成后父组件 nextTick 的执行结果

3. 最佳实践

nextTick 在实际开发中的使用是比较频繁的，因为经常有这样的需求，需要 Vue 渲染完成页面后再通过 JS 获取 DOM 节点，然后对其进行增删改查操作。那么怎么知道 Vue 完成页面渲染了呢（包括组件中的子组件）？Vue 提供的 nextTick 就是告诉你，要操作页面 DOM，放在 nextTick 里面最安全。放在其他任何地方，Vue 都不能保证所要的 DOM 已经渲染好，如果在 Vue 还没有渲染好 DOM 节点的情况下就用 JS 去获取相关的节点，会得到两种结果：一是获取不到，二是代码报错。

4. 总结

nextTick 的使用比较简单，即等 DOM 更新完成后才会触发其中的内容。当然，这里的 DOM 更新包括了组件内部子组件的更新，都更新完成才会触发组件中的 nextTick 方法。

第4章 选项式 API

选项式 API 对应的英文是 Options API，这些 API 可以根据需求选择进行使用，不需要都使用到。Data 用来进行组件数据的定义，DOM 则是和最后需要渲染的页面代码相关的定义，生命周期钩子是用来在不同时间触发的回调函数，选项/资源用来配置当前组件使用到的资源。组合是指当前组件可以组合这些 API 一起使用。杂项中包含的是不太好分类的几个属性。选项式 API 是 Vue 2.x 时代的王者，因为你别无选择，但是到了 Vue 3.x 时代，就可以考虑使用组合式 API 进行开发了。组合式 API 比起选项式 API 的上手难度要高一些，但是其优势也是明显的，第 11 章中会着重介绍。现在很多开源项目都开始使用组合式 API 进行开发了。当然选项式 API 也需要学好，一是为了能够快速上手选项式 API 所写的项目，二是即使你想学组合式 API，其中的很多概念也都是选项式 API 的变种，所以理解了选项式 API，有助于你更加快速地学习组合式 API。

4.1 Data

4.1.1 data 属性

data 属性用来进行组件的数据定义的。在 Options API 开发中，对于组件级数据的定义都会放到 data 中，data 就相当于是一个容器。data 的使用频率非常高，几乎每个组件中都会使用到，所以对于 data 的使用注意点就需要更加了解，这些需要注意的事项在本小节中都进行了说明。

1. 学习目的

从实际使用的角度陈述使用 data 时的易错点。

2. 实战练习

无。

3. 最佳实践

下面是从实际使用的角度陈述使用 data 时的易错点的最佳实践。

整体来说，data 是 Vue 中最开始入门就要了解的知识点，就是将 data 中的数据通过 ES6 的 Proxy 进行劫持（Vue 2 中是通过 Object.defineProperty 来进行劫持），从而监听到 data 中数据的变化。下面就从实际使用时一些容易出错的点来陈述一下。

（1）data 中的数据只有在 created 之后的生命周期包括 created 的时候才能够通过 this.dataProperty 的方式进行调用，在 beforeCreate 中是无法访问到的，包括 data 的代理$data。

（2）在组件里面，data 必须是一个函数，原因如下：

在 Vue 2.x 中还是可以给 data 传递对象的，也就是说可以使用下述的方式进行定义。

① 以对象的方式定义 data（错误方式）

```
data: {
    name: "jackie"
}
```

虽然存在隐患，但是到了 Vue 3.x，官方给出的 API 就只接受使用函数定义了，不能够使用对象。这样避免了很多潜在的问题。

② 以函数的方式定义 data（最佳方式）

```
data: function() {
    return {
      name: "jackie",
      myname: this.age // props 中有一个 age 属性，可以访问到
    };
},
// function 简化版，这种方式的定义与上述相同
data() {return {name: "jackie"}}
```

③ 使用箭头函数定义 data（不太推荐）

```
data: () => {
    return {
        name: "jackie",
        myname: this.age // 直接报错，因为箭头函数中的 this 是 undefined
    };
  }
```

如果你实在喜欢用箭头函数，那么也可以这样定义：

```
data: (vm) => {
    return {
        name: "jackie",
        myname: vm.age // 直接报错，因为箭头函数中的 this 是 undefined
    };
  }
```

如果你想在 data 中使用 this，那么强烈推荐使用 function 或 function 的简化版来进行定义。

4. 总结

data 属于 Vue 中常见的用法，就是注意需要从 created 生命周期向后才可以使用，同时如果要使用箭头函数定义，不要忘记将实例作为参数传入。实战中，大多使用 function 简化版定义最为方便。

4.1.2　props 属性

props 在 Vue 的日常开发中使用非常频繁，就像是安放在父子组件之间的一个管道，可以在父组件中通过这个管道将数据传递给子组件，甚至子组件的数据变化也可以通过这个管道反向传递给父组件（Vue 的双向绑定）。当一个数据需要通过一个又一个管道的传输才能到达目标组件时，这时就需要想办法进行避免。这些在本节中将会进行介绍。

1. 学习目的

了解 props 在日常开发中使用的场景以及其弊端。

2. 实战练习

无。

3. 最佳实践

props 的使用比较中规中矩，按照 Vue 官方文档使用即可，没有太多的坑点。值得注意的一点是，如果发现 props 传递的组件层级过多，也就是将 props 传入到一个组件中，组件又将 props 传递给子组件，子组件又将 props 传递给孙组件或者向下传递。超过三层的时候就要注意一下了。因为 props 传递过深会带来后期的维护问题，排查问题需要层层组件向上递增查找，比较麻烦，所以当层级过深时可以考虑使用 vuex 或者 provide/inject 来进行替代，或者其他可以跨组件传参的方案。

4. 总结

props 的用法比较常规，不做过多的说明。注意一下最佳实践中提到的传递层级过深的问题。

4.1.3　computed 属性

computed 能够对数据进行处理后返回一个双向绑定的数据。在用法上，很多其他的 API 接口也能够实现相似的功能，例如 methods、watch 等，本小节将分析这样几个相似的功能，通过实际的使用来了解它们的差别。

1. 学习目的

对比 computed、methods、watch 同时用来计算一个相同属性的差异。

2. 实战练习

```
<template>
  <div id="app">
    computedResult: {{ computedResult }}
    <br />
    watchedResult: {{ watchResult }}
```

```
    <br />
    methodResult: {{ methodResult() }}
  </div>
</template>

<script>
export default {
  name: "App",
  data() {
    return {
      a: 1,
      b: 2,
      watchResult: 0,
    };
  },
  computed: {
    // computedResult 的结果会被缓存，在 a、b 没有变化的情况下不会再次进行计算
    computedResult() {
      return this.a + this.b;
    },
  },
  watch: {
    // watchResult 同时依赖 a、b 时，就要对 a、b 同时进行监听，比较麻烦
    a() {
      this.watchResult = this.a + this.b;
    },
    b() {
      this.watchResult = this.a + this.b;
    },
  },
  methods: {
    // methodResult 的结果不会被缓存，在 a、b 没有变化的情况下每次还是会重新计算
    methodResult() {
      return this.a + this.b;
    },
  },
  mounted() {
    // 模拟让 a 的值发生变化
    setTimeout(() => {
      this.a = 3;
    }, 3000);
  },
};
</script>
```

页面的起始状态如图 4-1 所示，2 秒后页面的状态如图 4-2 所示。

computedResult: 3
watchedResult: 0
methodResult: 3

图 4-1　页面的起始状态

computedResult: 5
watchedResult: 5
methodResult: 5

图 4-2　页面的起始状态（2 秒后）

3. 最佳实践

computed、methods、watch 都能用来实现一个计算的属性，下面总结一下，以便以后能够在实际开发的不同场景下区分使用。

（1）computed

- 能够对计算后的数据进行缓存。
- 能够对多个值同时进行依赖，其中任何一个变化都可以使得返回的结果改变。

（2）methods

类似于 JS 中的函数，将一段完整的逻辑放在一个 methods 中，所以和 computed 还是存在明显的区别。

（3）watch

- 一个值同时依赖多个值时，watch 就需要监听多个值。
- watch 没有缓存返回的值。
- watch 最常用的是监听值，然后进行异步处理或添加一些逻辑。

4. 总结

当有一个值需要依赖其他几个值计算出来时，就应该考虑使用 computed。当需要监听一个值的变化然后根据变化做出一些处理或计算时，就需要考虑 watch。methods 基本和依赖某个值的变化无关，基本上就是用来写一段完整的逻辑，和写一个 JavaScript 函数是一样的。

4.1.4　methods 属性

methods 主要用来定义组件的方法，在 methods 中定义的方法将会被挂载到当前的实例 this 上，这样就可以在当前组件的其他钩子中通过 this.functionName 的方式进行引用。定义方法时需要注意是使用箭头函数还是非箭头函数。

1. 学习目的

通过使用箭头函数和非箭头函数对比一下获取到的 this 的情况，同时添加了函数传递参数的样例（因为这一点在实际中很常见），以及配合 stop、prevent 修饰符的使用。

2. 实战练习

（1）对比使用箭头函数和非箭头函数获取 this 的结果。

```
<template>
  <div id="app">
    <div @click="clickBtn">点我触发事件</div>
  </div>
</template>
<script>
export default {
  name: "App",
  methods: {
    // 1.使用箭头函数就无法在函数中获取到 this
    // clickBtn: () => {
    //   console.log(this); // 获取到了 undefined
    // },
    // 2.不使用箭头函数可获取 this，以下相当于 clickBtn: function() {}
    clickBtn() {
      console.log(this); // 获取到了当前组件的实例 this
    },
  },
};
</script>
```

在上述样例中，如果使用箭头函数定义方法，那么其中的 this 将会是“undefined”，使用普通函数定义的时候可以获取到 this 为当前组件的实例。

（2）函数传参以及配合修饰符的使用。

```
<template>
  <div id="app">
    <div @click="clickBtnWithArg('我是传递的参数')">点我触发传递参数事件</div>
    <div @click.stop="clickBtnWithArg('我是传递的参数')">点我触发 stop 事件
</div>
    <div @click.prevent="clickBtnWithArg('我是传递的参数')">
      点我触发 prevent 事件
    </div>
  </div>
</template>

<script>
export default {
  name: "App",
  methods: {
    clickBtnWithArg(ars) {
      console.log(ars); // 可以打印出“我是传递的参数”
    }
  },
```

```
};
</script>
```

3. 最佳实践

methods 一般的使用中也只有一个注意点，就是使用时不要使用箭头函数定义 methods，因为箭头函数中的 this 无法获取到当前组件的实例，值为 undefined。使用方法基本上 Vue 官方文档都能够覆盖到。另外，在实际工作中使用修饰符的情况也是比较多的，特别是 stop、prevent 这几个修饰符。

4. 总结

注意，不要用箭头函数定义 methods，其他的按照官方文档使用即可，没有太多的易错点。

4.1.5　watch 属性

watch 用于监听一个数据的变化，然后执行相应的回调函数，同时官方还提供了 deep、immediate、flush 等这些参数控制监听函数在不同时机不同维度进行监听。这些参数虽然在平时使用频度不是太高，但是都有必要一一了解，在接下来的内容中将会逐个对参数进行分析。

1. 学习目的

将 watch 基本数据类型和引用数据类型（对象及数组）进行对比，同时添加 deep、immediate 以及 flush 案例的使用，基本能够覆盖平时绝大多数的开发场景。另外，和 methods 等一样，不要使用箭头函数定义 watch，不然无法在 watch 中获取到 this。

2. 实战练习

（1）watch 基本数据类型和引用数据类型（对象及数组）进行对比。

```
<template>
  <div id="app">
    name 的值：{{ name }}<br />
    family 的值：{{ JSON.stringify(family) }}
  </div>
</template>

<script>
export default {
  name: "App",
  data() {
    return {
      name: "jackie",
      family: {
        mother: {
          name: "moon",
        },
```

```
        father: {
          name: "sun",
        },
      },
    };
  },
  watch: {
    name() {
      console.log("name 的数据被修改了");
    },
    family() {
      console.log("family 中的属性被修改了");
    }
  },
  mounted() {
    setTimeout(() => {
      // 可以触发对 name 的 watch
      this.name = "tina";
    }, 2000);

    setTimeout(() => {
      // 没有触发 family 的 watch，因为只改变了 family 中一个属性的值，family 的
      // 引用地址实际上还是没有发生变化，所以并不能够被 watch 到
      this.family.mother.name = "yela";
    }, 3000);

    setTimeout(() => {
       // 可以触发对 family 的 watch,因为 family 的引用地址都被修改了
       this.family = { grandFather: "nisa" };
     }, 4000);
  },
};
</script>
```

在上述实例中，在 2 秒后修改了 name 的值，可以触发对 name 的 watch。在 4 秒后直接修改了 family 的值，可以触发对 family 的 watch，因为 family 作为一个引用对象的引用地址都被修改了。在 3 秒后修改了 family 下面一个属性的值，没有触发 family 的 watch，因为只改变了 family 中一个属性的值，family 的引用地址实际上还是没有发生变化，所以并不能够被 watch 到。如果需要修改一个对象下面的属性时也能够被监听，就使用下面提到的 deep。

（2）添加 deep 的作用。

将上述 family 的监听修改为：

```
watch: {
    family: {
      deep: true, // 此处添加了一个 deep 属性
      handler() {
        console.log("family 中的属性被修改了");
      },
    },
  }
```

当在 family 属性中添加一个 deep 为 true 后，上述修改 family 中的属性就能够触发 family 的监听了，这是因为添加了 deep 为 true 后，Vue 收集依赖时会将对象的属性都收集给该对象，从而导致对象属性的改变，对象层面也可以感知到。

（3）添加 immediate 的作用。

watch 还存在一个问题，就是首次并不会触发。例如，下面这个例子中需要在页面加载后就拉取第一页的表单数据，但是因为 pageNum 没有被修改过，所以并不会被触发。

```
<script>
export default{
    data() {
        return {
            pageNum: 1, // 表示第一页
        }
    },
    watch: {
        pageNum(value) {
          this.$axios.get('/path/to/xxx',{pageNum:value}).then(res=>list =
res.list)
        }
    }
}
</script>
```

这时就需要添加 immediate: true，在首次就会执行 watch 拉取到第一次的 list 数据。修改 watch 如下：

```
watch: {
    pageNum: {
      handler(value) {
        this.$axios.get('/path/to/xxx',{pageNum:value})
               .then(res=>list = res.list)
      },
      immediate: true
    }
}
```

（4）flush 的使用。

将上述实例中对于 name 的 watch 稍作修改，添加一个 flush 的选项：

```
<template>
  <div id="app">
    name 的值：<span ref="name">{{ name }}</span>
  </div>
</template>
export default {
  name: "App",
  data() {
    return {
      name: "jackie",
    }
  },
  watch: {
    name: {
      handler() {
        console.log("打印出 dom 中的 name 为：", this.$refs.name.innerText);
      },
      flush: "pre", // 默认是 pre
    },
  }
}
```

在上述案例中，当 flush 为 pre 时，打印出的结果为：

打印出 dom 中的 name 为：jackie

当 flush 为 post 时，打印出的结果为：

打印出 dom 中的 name 为：tina

flush 的作用还是很好理解的，pre 就意味着 watch 中的函数在 DOM 更新前执行，post 就意味着 watch 中的函数在 DOM 更新后执行。flush 还有一个值是 sync，主要用来强制效果同步触发，效率低下，所以很少使用。

flush 是在 Vue 3.x 中新加的功能，之前在 Vue 2.x 中想要等 watch 函数中的内容在 DOM 更新完成后执行，往往会在 watch 函数中写一个 nextTick 来达到上述相同的效果。

（5）watch 中不能使用箭头函数，否则无法正常获取到当前组件的实例。

```
watch: {
    // 正确的使用方法
    name() {
      // 当 name 的值修改为 tina 可以监听到
```

```
      console.log("name 的数据被修改了");
      console.log(this); // 可以正常打印出 this 为当前组件的实例
    },
    // 错误的使用方法
    name: () => {
      console.log("箭头函数定义 watch,name 的数据被修改了");
      console.log(this); // 打印出的 this 的值为 undefined
    },
  }
```

3. 最佳实践

watch 在实际的使用过程中基本上就是监听基本数据类型和引用数据类型。再稍微深入一点就是对引用数据类型的深度 watch，也就是配合 deep 的使用。在特别场景下，需要使用 immediate 进行首次触发和 flush 控制在 DOM 更新前还是更新后执行 watch 函数。在平时的工作中，对于 watch 的使用也就这些。大型项目无外乎这几个常用特性。

4. 总结

watch 的使用就是对基本数据类型、引用数据类型、deep、immediate、flush 的使用。

4.1.6 emits 属性

emits 属性是 Vue 3.x 中新增的 API，主要用于显式地表明组件向外暴露的事件。在先前 Vue 2.x 中需要定义事件的地方是直接使用 this.$emit，导致后期组件维护时不能够对组件向外暴露的事件一目了然。需要通过'emit'字样逐个搜索才能够知道组件中到底使用了哪些事件，这也不利于组件的复用，因为理解成本太高。在 Vue 3.x 中引入了这样的一个 API，显式地表明了当前组件向外暴露的事件，非常清晰，降低了组件的阅读和理解成本，也增强了组件的可维护性。

1. 学习目的

学习 emits 的实战使用。

2. 实战练习

emits 属性是 Vue 3 中新增的 API，主要用于显式地表明组件向外暴露的事件，同时还多了一个对于事件传参验证的功能。接下来看一下 emits 的实战用法。

HelloWorld.vue 组件中的写法：

```
<template>
  <div class="hello">
    <button @click="btnClick">helloworld</button>
  </div>
</template>
<script>
export default {
```

```
  name: "HelloWorld",
  emits: {
    knock: (payload) => {
      return payload === 1;
    },
  },
  methods: {
    btnClick() {
      this.$emit("knock", 1);
    },
  },
};
</script>
```

App.vue 中使用 Helloworld 组件的代码：

```
<template>
  <div id="app">
    <HelloWorld @knock="knock" />
  </div>
</template>
<script>
import HelloWorld from "./components/HelloWorld";
export default {
  name: "App",
  components: {
    HelloWorld,
  },
  methods: {
    knock() {
      console.log("knock knock");
    },
  },
};
</script>
```

最终界面显示如图 4-3 所示的按钮。

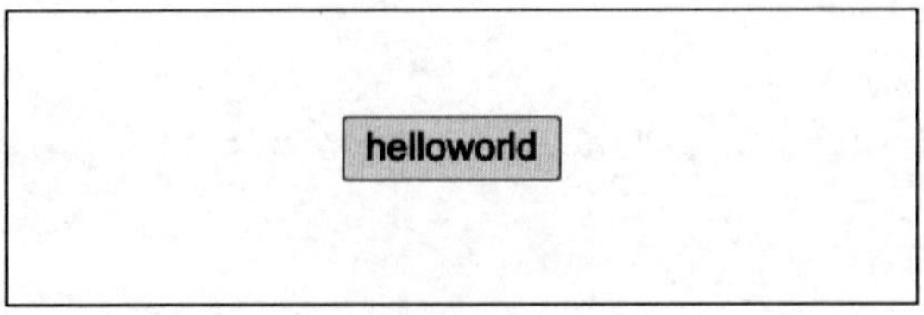

helloworld

图 4-3　按钮

单击按钮后，控制台中成功输出“knock knock”字样，但是如果此时将 this.$emit("knock", 2) 的传参改为 2，那么控制台中将告警，但是 App.vue 中的 knock 事件依然能够被触发，控制台中也可以输出“knock knock”字样。控制台中的告警如下：

```
▲ ▸[Vue warn]: Invalid event arguments: event validation failed for event "knock".
  knock knock
```

3. 最佳实践

在实际的使用过程中，emits 属性虽然有验证功能，但是使用到的频率很低，特别是在使用 ts 语法的时候因为 ts 本身对类型都有检查，所以在实际的使用过程中往往直接使用数组来进行显式定义。

```
emits:['knock'],
```

因为 emits 是 Vue 3 中新增的属性，Vue 2 中并没有，所以为了向下兼容，即使不写 emits 也可以正常运行。建议为了项目的规范化，还是在组件中写上 emits，这样使得使用组件的人能够对于组件向外暴露的事件一目了然。

4. 总结

emits 为 Vue 3 中新增的属性，正常情况下直接使用数组显式声明事件。

4.2 DOM

这一节主要是和渲染出来的 DOM 相关的 API。Template 主要是通过模板的格式进行渲染，和 HTML 的语法很相近，所以学习起来也相对容易一些。render 函数达到的效果和 Template 一样，但是其语法接近编译态语法，所以学习上的难度会有所增加。因为 render 语法更接近编译态，所以其灵活性就会更高，这些在下面的章节中会逐一进行分析。

4.2.1 template

template 用来进行模板的存放，这个 API 是早期的 Vue 版本中为了方便一些从 jQuery 等使用模板的技术栈转到 Vue 技术栈而创建的。随着时间的推移，Vue 已经越来越好地支持 jsx/tsx 技术，这些技术比 template 更加灵活，所以在了解了 template 的模板之后，也可以多了解 jsx 和 tsx 的技术，以便开发出更加高效稳定的应用。

1. 学习目的

展示 template 的使用方法，以及当 template 和 render 同时存在时是以 template 中的模板为准还是以 render 中的模板为准。

2. 实战练习

（1）使用 template 中的模板进行渲染

使用 template 定义组件：

```
app.component("test", {
  template: '<div id="template">from template</div>',
});
```

在 App.vue 中使用：

```
<template>
  <test />
</template>
```

页面渲染结果以及 HTML 代码如下：

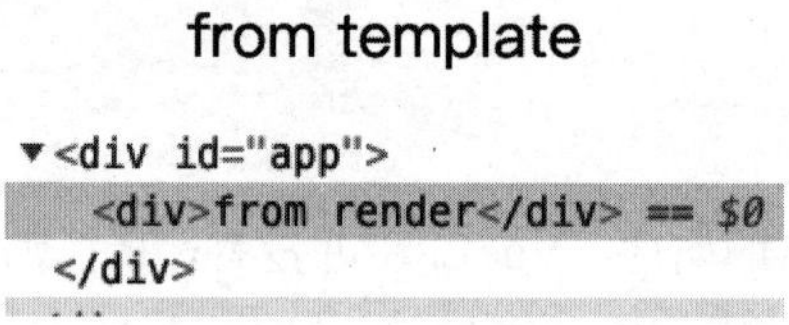

from template

```
▼<div id="app">
   <div>from render</div> == $0
 </div>
 ...
```

（2）使用 render 进行模板的渲染：

```
app.component("test", {
  render: () => h("div", "from render")
});
```

页面渲染结果以及 HTML 代码如下：

from render

```
▼<div id="app" data-v-app>
   <div>from render</div> == $0
 </div>
```

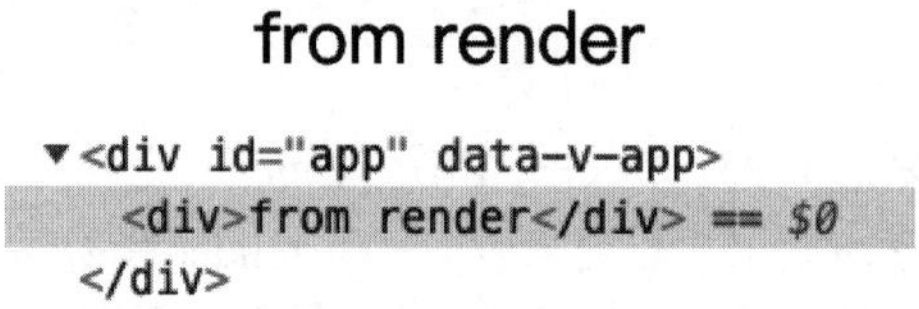

（3）同时使用 template 和 render 进行渲染：

```
app.component("test", {
  template: '<div id="template">from template</div>',
  render: () => h("div", "from render")
});
```

页面渲染结果以及 HTML 代码如下：

from render

```
▼<div id="app" data-v-app>
   <div>from render</div> == $0
 </div>
```

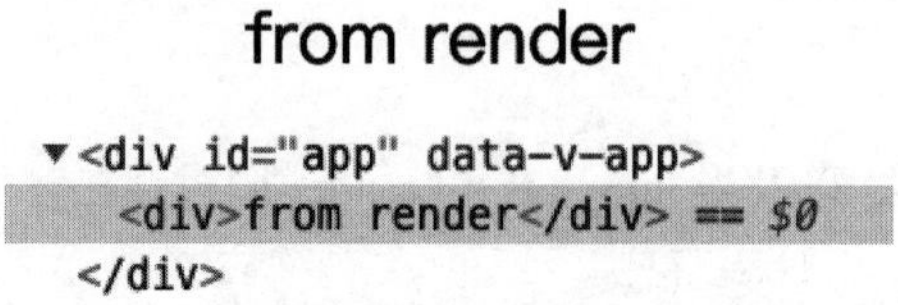

当使用 template 和 render 同时作为模板时，render 的优先级将会高于 template。

3. 最佳实践

template 的使用基本也就是传入一段模板 string，交给 Vue 进行编译。需要注意的一点是，当 template 和 render 同时使用时，render 的优先级高于 template 的优先级。还需要注意的一点是，在运行时编译 Vue 3 中已经不支持 template 属性了。如果需要使用就需要修改 import * from vue 为 import * from "vue/dist/vue.esm-bundler.js"。到了 Vue 3，建议使用 jsx/tsx 替代在 app.component 中使用 template 属性。

4. 总结

template 优先级低于 render。在 Vue 3 中，能用 jsx/tsx 的尽量用 jsx/tsx。

4.2.2 render

render 是用来进行页面渲染的函数。其中的内容比较接近于模板编译之后的内容，所以语法比较复杂，不利于阅读，更多的情况下是考虑使用替代方案，例如 jsx/tsx 或者<template>code</template>。在某些特殊的情况下，的确是使用 render 更有优势，但是这种场景总体来说还是比较少的。本小节中将使用这样几种技术进行对比，以便了解它们的优劣。

1. 学习目的

同时使用 template、render、jsx 来实现一个多 if 情况的渲染，对比使用哪种方式更简便。

2. 实战练习

（1）使用 template 实现的方式如下：

```
<template>
  <div id="app">
    <h1 v-if="level === 1">H1 标签中的内容</h1>
    <h2 v-else-if="level === 2">H2 标签中的内容</h2>
    <h3 v-else-if="level === 3">H3 标签中的内容</h3>
  </div>
</template>
```

（2）使用 render 函数进行渲染：

```
render() {
    return h("h" + this.level, `H${this.level}标签中的内容`);
},
```

（3）使用 jsx 进行渲染：

```
render(h) {
   let template = "";
   switch (this.level) {
     case 1:
```

```
        template = <h1>H{this.level}标签中的内容</h1>;
        break;
      case 2:
        template = <h2>{this.level}标签中的内容</h2>;
        break;
      case 3:
        template = <h3>{this.level}标签中的内容</h3>;
        break;
      default:
        break;
    }
    return template;
  }
```

从上述对比可以看出，使用第二种 render 渲染函数的方式最为便捷有效。

3. 最佳实践

基本上上一节中 template 能做的事 render 函数都是可以做的。其实，template 是被编译成了 AST 抽象语法树，然后被编译成 render 函数，而且 render 函数还能做 template 模板做不了的事，比如在 render 函数中使用 jsx/tsx 语法。

render 渲染函数 h 原生写法比较接近于 template 编译后的语法，书写比较容易出错，阅读起来也比较麻烦，所以一般在实战中还是推荐 jsx/tsx 的语法。

上述这个案例比较特殊，是一个 if 条件判断比较多的情况，主要是为了展示三者对同一种情况的处理。实际上，除了 v-for 和 v-if 这两种使用 render 渲染函数 h 原生写法比其他两种方便之外，推荐直接使用 template 模板语法或者 jsx/tsx 的语法。

4. 总结

如果项目中使用的是 jsx/tsx，那么建议使用 jsx/tsx；如果项目中使用的是模板语法，那么建议使用 template 模板语法，实在不得已才会考虑在 render 函数中使用 h 渲染函数写原生语法。

4.3 生命周期钩子

一个程序如同人一样，在人生命中不同的年龄段会发生不一样的事，在程序加载的过程中也会随着时间的推移触发不同的事件，这些事件就是一个个的钩子，这些钩子的执行是有先后顺序的。本节将会介绍众多的生命周期钩子，不同的钩子有什么作用，以及各个钩子中应该安放什么样的逻辑等。

4.3.1 beforeCreate

beforeCreate 生命周期中不能够通过实例 this 去获取众多的数据与方法，因为这时还都没有完成挂载，这就导致了 beforeCreate 在实际的开发中使用并不多，因为能在其中完成的工作比较有局限性。很多工作实际上也可以挪动到其他的一些生命周期中完成。

1. 学习目的

通过访问 data 中的数据和 methods 中的 event 方法查看此时 beforeCreate 中能够使用的数据。

2. 实战练习

以下一段代码用来验证在 beforeCreate 的生命周期中 data、computed、methods 都没有挂载。

```
<script>
export default {
  name: "App",
  data() {
    return {
      name: "jackie",
    };
  },
  computed: {
    age() {
      return 1 + 2;
    },
  },
  methods: {
    printName() {
      console.log(this.name);
    },
  },
  beforeCreate() {
    console.log("data name", this.name);
    console.log("computed age", this.age);
    console.log("method printName", this.printName);
  },
};
</script>
```

打印的结果如图 4-4 所示。

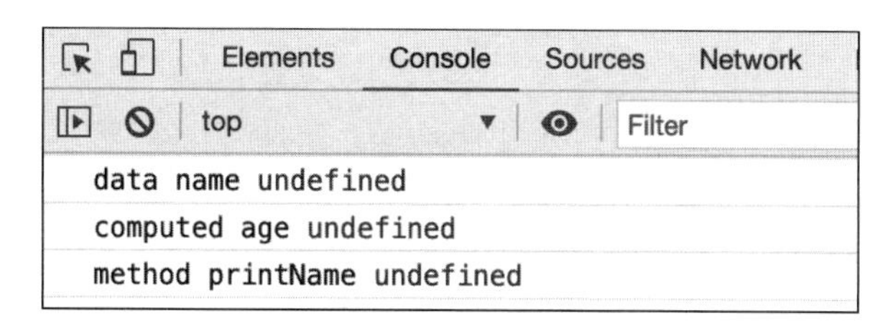

图 4-4　打印结果

从上述结果可以看出，在 beforeCreate 的生命周期中 data、computed 和 method 均没有挂载到当前组件的实例上。

3. 最佳实践

beforeCreate 在实际的应用中比较少，目前只遇到一种情况一般考虑在 beforeCreate 中执行。就是当前页面或组件需要登录后的用户才能查看时，一般判断用户有没有登录是在 beforeCreate 中执行，因为到了 created 生命周期，data 已经都挂载到 this 实例上了，没有意义。因为如果没有权限，组件就不需要渲染了，浪费计算机性能挂载 data 到实例上就没有必要了。

4. 总结

一般没有特殊需求，beforeCreate 生命周期很少会使用到，基本上放在 beforeCreate 中的逻辑都是可以移动到 created 生命周期中的。

4.3.2 created

created 中 data 等数据均已经完成挂载，所以能够完成的工作要比 beforeCreate 多一些，但是还是有一些数据无法获取到，比如 DOM 节点的获取，但是一些异步数据的拉取可以考虑在 created 中完成。

1. 学习目的

在 created 中拉取 API 的数据添加到 data 中去。

2. 实战练习

以下代码展示在 created 生命周期钩子中拉取异步数据。

```
<template>
  <div id="app">拉取到的结果为：{{ JSON.stringify(result) }}</div>
</template>
<script>
import axios from "axios";
export default {
  name: "App",
  data() {
    return {
      result: null,
    };
  },
  created() {
    axios
.get("https://apinew.juejin.im/interact_api/v1/message/count")
      .then((res) => {
        this.result = res.data;
      })
      .catch((err) => {
        console.log(err);
```

```
    });
  },
};
</script>
```

结果成功展示在页面上，如图 4-5 所示。

拉取到的结果为：{"err_no":0,"err_msg":"success","data":{"count":{"1":0,"2":0,"3":0,"4":0},"total":0}}

图 4-5　展示在页面上的结果

3. 最佳实践

在 created 生命周期中，data 中的数据和 methods 中的方法以及计算属性 computed 和 watcher 都已经挂载到实例上了，也就是在 created 中可以使用 this.dataPropertyName 和 this.eventName 了，但是 DOM 树还没有挂载完毕（此时 HTML 页面还没有完全渲染好，$el 也没有挂载到 this 实例上去）。到了 mounted 生命周期中，DOM 树就挂载完成了。在实际的开发中，基本能在 created 中写的代码都能够搬到 mounted 生命中期中去。但是拉取 API 包括其他异步数据可以在 DOM 树挂载之前完成的都建议放到 created 中完成。一是代码比较清晰，在 created 中的明显就是与 DOM 操作无关的代码；二是加快了组件的渲染，早一点发起请求，早一点拿到数据。在 created 时发起请求，在 mounted 时已经拿到数据，挂载 DOM 的时候就有数据了。这个就是上述实战案例展示的目的。

4. 总结

异步拉取 API 数据等与 DOM 无关的数据操作可以放到 created 中，以提高页面加载的效率。

4.3.3　beforeMount

beforeMount 在实际开发中使用较少，在本节主要是对比一下 beforeMount 和 mounted 的使用。

1. 学习目的

查看 beforeMount 和 mounted 获取到的 this.$el 的值。

2. 实战练习

两者获取 this.$el 的代码如下：

```
<template>
  <div id="app">Vue API 实战实例展示</div>
</template>

<script>
export default {
  name: "App",
  beforeMount() {
```

```
    console.log("在 beforeMount 中打印 this.$el", this.$el);
  },
  mounted() {
    console.log("在 mounted 中打印 this.$el", this.$el);
  },
};
</script>
```

在控制台中输出的结果如图 4-6 所示。

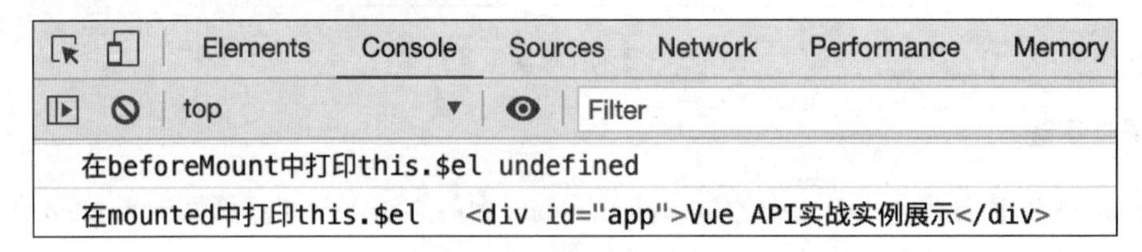

图 4-6 在控制台中输出的结果

由此可见，在 beforeMount 中无法获取到 this.$el，但是在 mounted 中可以获取到 this.$el。

3. 最佳实践

beforeMount 在实际的使用中基本没有太多的存在感，因为在 beforeMount 完成的都可以放到 mounted 中完成。通过 Vue 生命周期图（见图 4-7）可以看出 beforeMount 和 mounted 最大的区别就是是否可以通过 this.$el 来访问到当前组件的 DOM。正是因为两者的差距很小，所以大部分情况下直接使用 mounted 就可以了。

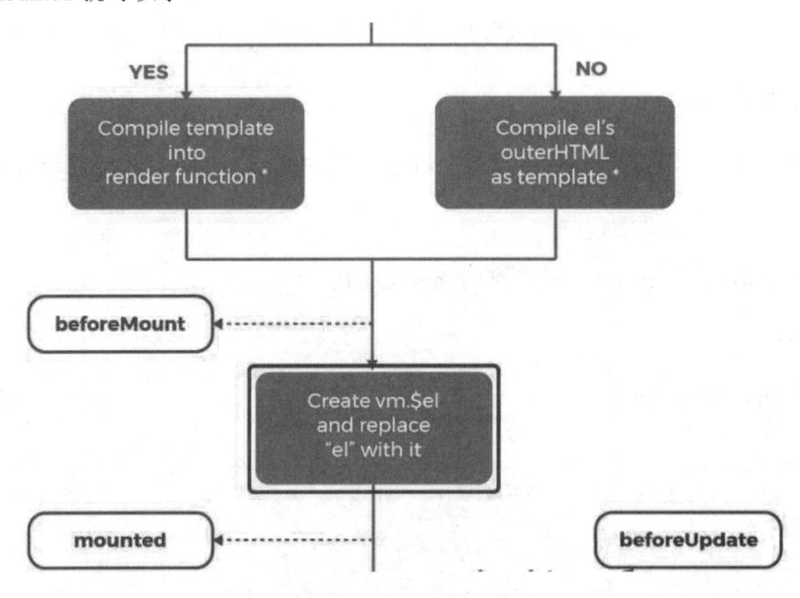

图 4-7 Vue 生命周期图

4. 总结

基本可以在 beforeMount 中的代码都可以写入 mounted 生命周期中。

4.3.4 mounted

mounted 在实际的开发中使用较多。在 mounted 中，实例的数据基本准备完毕，所以已经可以在其中填写各种业务的逻辑了。需要注意的一点是，在获取子组件的 Dom 时需要考虑配合 nextTick 进行使用。因为 mounted 的使用很频繁，基本使用 Vue 的开发者对于这一个接口都不陌生，所以这里也不做实战练习展示。

mounted 是所有生命周期钩子函数中使用最为频繁的。不太讲究的话，beforeCreate、created 以及 beforemount 中的逻辑都可以写到 mounted 中。mounted 完成了 DOM 的挂载，也就是已经将虚拟 DOM 加载到浏览器中作为 HTML 节点渲染出来。所以，如果需要使用 JS 操作页面 DOM，就要在 mounted 中完成。使用 this.$el 也需要在 mounted 中。如果要获取页面的 DOM，建议在 mounted 中使用 this.$nextTick 进行获取，这样可以保证对于子组件的获取都没有问题。后面章节将会详细介绍为什么需要通过 nextTick 来获取 DOM。

最后，与 DOM 相关的操作建议都放到 mounted 中来完成，因为这时 DOM 才挂载完毕。

4.3.5 beforeUpdate

beforeUpdate 是在 DOM update 之前触发的钩子，在实际使用之前需要清楚 beforeUpdate 和 updated 之间的差别。本小节从差异点入手，分析 beforeUpdate 和 updated 两个生命周期中的不同。

1. 学习目的

直接修改一个双向绑定数据，观察 beforeUpdate 和 updated 后的 el、data 的变化情况。

2. 实战练习

修改数据值来观察 beforeUpdate 和 updated 中 el、data 的变化情况。

```
<template>
  <div id="app">
    <span>{{ msg }}</span>
    <br />
    <input type="button" value="点击修改值" @click="changeMsg" />
  </div>
</template>
<script>
export default {
  name: "App",
  data() {
    return {
      msg: "旧值",
    };
  },
  methods: {
    changeMsg() {
```

```
      // 1.此处修改会触发 beforeUpdate 和 update
      this.msg = "新值";
    },
  },
  beforeUpdate() {
    console.log("======beforeUpdate 更新前状态=========》");
    // 以下获取到的 DOM 是 update 数据前的 DOM
    console.log(this.$el.innerHTML);
    // 以下 data 中的数据是已经更新后的，说明 beforeUpdate 只是指 before dom update,
    // 而不是指 before data update
    console.log("%c%s", "color:red", "data  : " +
JSON.stringify(this.$data));
    console.log("%c%s", "color:red", "msg: " + this.msg);

  },
  updated() {
    console.log("========updated 更新后状态==============》");
    console.log(this.$el.innerHTML); // dom 是 update 数据后的 dom
    console.log("%c%s", "color:red", "data   : " +
JSON.stringify(this.$data));
    console.log("%c%s", "color:red", "msg: " + this.msg);
  },
};
</script>
```

以上代码渲染的结果如图 4-8 所示。

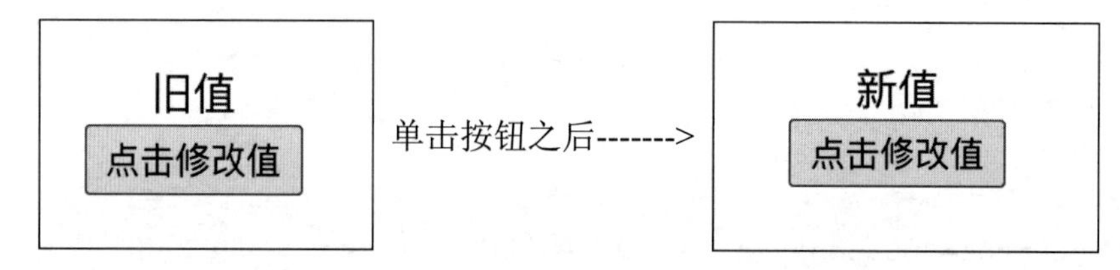

图 4-8　代码渲染的结果

控制台打印出来的结果如图 4-9 所示。

在 beforeUpdate 中，dom 获取的是旧的 dom，但是 data 已经是最新值。注意，这个地方容易出错，认为 beforeUpdate 中的所有数据都是更新之前的。

如果在 beforeUpdate 中添加以下代码再次更新 msg 的值，那么会再次触发 beforeUpdate 和 update 的更新吗？

```
this.msg = "beforeUpdate 中新值";
```

这个官网给出了明确的说法——你可以在这个钩子中进一步地更改状态，这不会触发附加的重渲染过程。

图4-9 控制台的结果

3. 最佳实践

beforeUpdate 指的是 before dom update，而不是 before data update，所以 beforeUpdate 获取 this.$el 中的 DOM 内容是更新之前的，而 this.$data 以及 data 中的属性是更新之后的。在开发中要注意这一点。Vue API 文档中还有一句话——你可以在这个钩子中进一步地更改状态，这不会触发附加的重渲染过程。这句话是指在 beforeUpdate 中通过 this.dataProperty = "newValue"再次修改 data 的属性是不会再次触发 beforeUpdate 和 updated 这两个钩子的。

4. 总结

beforeUpdate 指的是 before dom update 而不是指 before data update。

4.3.6 updated

updated 是在 DOM 更新完毕后触发的，因为 updated 的用法也是比较常规的。这里通过一个 updated 巧妙的使用案例来加深一下对于 updated 这样一个生命周期的理解。

1. 学习目的

比较使用 updated 和 nextTick 来监听页面的变化。

2. 实战练习

对比 updated 和 nextTick 的使用：

```
<script>
export default {
  name: "App",
  data() {
    return {
      msg: "first",
    };
  },
  watch: {
```

```
    // 1. 使用watch结合nextTick的方式监听DOM的更新，多个变量需要多次watch
    // 可以使用Vue 3中提供的flush来取代在watch中使用nextTick，这里只是为了演示
    msg() {
      this.$nextTick(() => {
        // 填写DOM更新后需要进行的操作
      });
    },
  },
  methods: {
    changeMsg() {
      this.msg = "three";
    },
  },
  updated() {
    // 2. 无须对多个变量进行监听，只要DOM更新，updated中都可以监听到
    this.$nextTick(() => {
      // 无论哪个变量的修改导致的页面变化都可以监听到，无须在watch中监听多个变量，
      // 再使用nextTick
    });
  },
};
</script>
```

3. 最佳实践

updated 是指 dom updated。在 updated 获取$el，data 都是更新之后的状态。updated 和 vm.$nextTick 的作用在本质上是一样的，区别在于 nextTick 只在第一次的 DOM 更新后执行一次，而 updated 在每次 DOM 更新后都会执行。在实际开发中，很多时候都需要每次 DOM 更新后就调整一下样式（比如一个变量被修改引发页面 DOM 更新），这时就需要使用 updated 了。因为你不能在页面中每个变量都监听一遍，然后在其中使用 nextTick，那样将是一个灾难。这就是 updated 存在的意义。如果当前组件中包含了子组件，那么 updated 中是不能够保证子组件一定渲染完成的，这时最好的用法是在 updated 中安放 nextTick，将修改页面的逻辑放到 nextTick 中，这样既能够探听到页面 DOM 的变化，又能够在页面都更新完成后再调用相关逻辑。

4. 总结

updated 是指 dom updated。需要监听多个变量引发 DOM 更新的时候，建议使用 updated，而不是 nextTick。

4.3.7 activated

activated 是配合<keep-alive>组件使用的一个生命周期钩子。当组件被缓存起来后重新激活时，一个生命周期钩子就会被调用到。当父子组件都被缓存起来后，需要注意它们的 activated 先后被触发的顺序。

1. 学习目的

在父子组件中都添加 activated，查看在什么情况下触发 activated 以及父子组件中 activated 触发的先后顺序。

2. 实战练习

组件的嵌入顺序如下：

```
App.vue ----->&lt;keep-alive>------>HelloWorld.vue------->HelloWorldChild.vue
```

App.vue 代码如下：

```
<template>
  <div id="app">
    <keep-alive>
      <HelloWorld v-if="isShow" />
    </keep-alive>
  </div>
</template>
<script>
import HelloWorld from "./components/HelloWorld";
import { setTimeout } from "timers";
export default {
  name: "App",
  data() {
    return {
      isShow: true,
    };
  },
  components: {
    HelloWorld,
  },
  mounted() {
    setTimeout(() => {
      // 隐藏组件以触发组件的 deactivated
      console.log("=====通过隐藏 keep-alive 中的组件触发 deactivated=====");
      this.isShow = false;
    }, 3000);
  },
  activated() {
    // app.vue 没有被包含在 keep-alive 组件中，所以没有被触发
    console.log("=====App 组件中的 activated 被触发=====");
  },
  deactivated() {
```

```
    // app.vue 没有被包含在 keep-alive 组件中，所以没有被触发
    console.log("=====App 组件中的 deactivated 被触发=====");
  },
};
</script>
```

HelloWorld.vue 中的代码：

```
<template>
  <div>
    <HelloWorldChild></HelloWorldChild>
  </div>
</template>

<script>
import HelloWorldChild from "./HelloWorldChild.vue";
export default {
  name: "HelloWorld",
  components: {
    HelloWorldChild,
  },
  activated() {
    // HelloWorld.vue 被包含在 keep-alive 组件中，所以 activated 可以被触发
    console.log("====HelloWorld 组件的 activated 被触发====");
  },
  deactivated() {
    // Helloworld.vue 被包含在 keep-alive 组件中，所以 deactivated 可以被触发
    console.log("====HelloWorld 组件的 deactivated 被触发====");
  },
};
</script>
```

HelloWorldChild.vue 中代码：

```
<template>
  <div>
    <h3>Hello World Child</h3>
  </div>
</template>
<script>
export default {
  name: "HelloWorldChild",
  activated() {
    // helloworldchild.vue 的父组件 HelloWorld.vue 被包含在 keep-alive 组件中，
    // 所以 activated 可以被触发
```

```
    console.log("====HelloWorldChild 组件的 activated 被触发====");
  },
  deactivated() {
    // helloworldchild.vue 的父组件 HelloWorld.vue 被包含在 keep-alive 组件中，
    // 所以 activated 可以被触发
    console.log("====HelloWorldChild 组件的 deactivated 触发====");
  },
};
</script>
```

当页面初始加载的时候，可以看到控制台打印出如图 4-10 所示的信息。

图 4-10 控制台的结果（页面加载时）

当 keep-alive 中的组件被隐藏时，可以看到控制台打印出如图 4-11 所示的信息。

图 4-11 控制台的结果（组件隐藏时）

3. 最佳实践

只要是包裹在<keep-alive>这个组件内的，无论是兄弟组件还是父子组件（一个组件又引用另一个组件），所有组件内部的 activated 在组件激活时都会被触发。这里的激活是指组件被渲染到浏览器页面上。没有包含在 keep-alive 中的组件写 activated 和 deactivated 是没有用的。activated 触发的顺序是由最内层的组件开始触发的，然后一直到最外层被 keep-alive 包裹的组件的 activated。

4. 总结

只有在 keep-alive 中的组件（包括组件的子组件）写 activated 和 deactivated 生命周期钩子时才能生效，触发的顺序是先从最内一层组件的 activated 开始触发，一直到最外层的 activated。

4.3.8 deactivated

deactivated 同样也是结合<keep-alive>组件使用的一个生命周期钩子，它和 activated 是一对搭档。因为在 activated 中已经做了很多的介绍，同样也进行了实战的使用，这一小节就不再添加实战代码进行赘述了。

1. 学习目的

参考 activated 中的实战就可以了。

2. 实战练习

无。

3. 最佳实践

只要是包裹在<keep-alive>这个组件内的，无论是兄弟组件还是父子组件（一个组件又引用另一个组件），所有组件内部的 deactivated 在组件失活时（比如组件的 v-if="false"就失活了）都会被触发。这里的失活是指组件被从浏览器 DOM 树中移除。deactivated 触发的顺序是由最内层的组件开始触发，然后一直到最外层被 keep-alive 包裹的组件的 deactivated。

4. 总结

只有在 keep-alive 中的组件（包括组件的子组件）写 activated 和 deactivated 生命周期钩子才能生效。触发的顺序是先从最内一层组件的 deactivated 开始触发，一直到最外层的 deactivated。

4.3.9 beforeUnmount/unmounted

beforeUnmount 和 unmounted 是从 Vue 2.x 时代的 beforeDestroy/destroyed 更名而来的。更名之后与其功能更加贴近。因为两者的触发时机相近，使用上也有相似之处，所以将两者放在了一起进行分析，同时有一个对比的作用，以便更加牢固地记住两者的使用方法和场景。

1. 学习目的

使用 v-if 触发 beforeUnmount/unmounted 来了解 beforeUnmount/unmounted 的触发时机。

2. 实战练习

通过 v-if 来销毁 HelloWorld 组件。

App.vue 中的代码：

```
<template>
  <div id="app">
    <HelloWorld ref="hello" v-if="isShow"/>
  </div>
</template>
<script>
import HelloWorld from "./components/HelloWorld";
export default {
  name: "App",
  data() {
    return {
```

```
      isShow: true,
    };
  },
  components: {
    HelloWorld,
  },
  mounted() {
    this.$nextTick(() => {
      console.log("销毁前访问子组件", this.$refs.hello);
      setTimeout(() => {
        console.log("====通过 v-if 销毁一个组件====");
        this.isShow = false;
      }, 3000);
      setTimeout(() => {
        console.log("销毁后访问子组件", this.$refs.hello);
      }, 5000);
    });
  },
};
</script>
```

HelloWorld.vue 中的代码：

```
<template>
  <div class="hello">
    <h1>HelloWorld</h1>
  </div>
</template>
<script>
export default {
  name: "HelloWorld",
  beforeUnmount() {
    console.log("=====HelloWorld 组件 beforeUnmount 被触发=====");
  },
  unmounted() {
    console.log("=====HelloWorld 组件 unmounted 被触发=====");
  },
};
</script>
```

初始加载时的页面如图 4-12 所示，控制台的显示如图 4-13 所示。

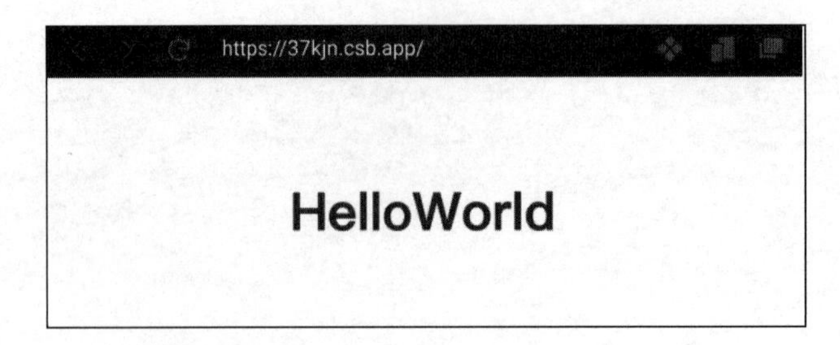

图 4-12　页面初始加载时

```
Elements  Console  Sources  Network  Performance  Memory  Application  Security  Lighthouse
top  Filter  Default levels ▼
[HMR] Waiting for update signal from WDS...
销毁前访问子组件 ▼Proxy {…}
  ▶[[Handler]]: Object
  ▼[[Target]]: Object
    $: (...)
    $attrs: (...)
    $data: (...)
    $el: (...)
    $emit: (...)
    $forceUpdate: (...)
    $nextTick: (...)
   ▼$options: Object
     ▶beforeUnmount: ƒ beforeUnmount()
      name: "HelloWorld"
     ▶render: ƒ render(_ctx, _cache, $props, $setup, $data, $options)
     ▶unmounted: ƒ unmounted()
      __emits: null
      __file: "src/components/HelloWorld.vue"
      __hmrId: "469af010"
     ▶__props: []
     ▶__proto__: Object
    $parent: (...)
    $props: (...)
    $refs: (...)
    $root: (...)
    $slots: (...)
    $watch: (...)
```

图 4-13　初始控制台的显示（页面初始加载时）

从上述截图可以看出，首次加载的时候 HelloWorld 组件成功渲染，同时在父组件 App.vue 的 this.$refs.hello 中可以获取到 HelloWorld 的实例。

接下来 3 秒后 isShow 值修改为 false，页面和控制台显示如图 4-14 所示。

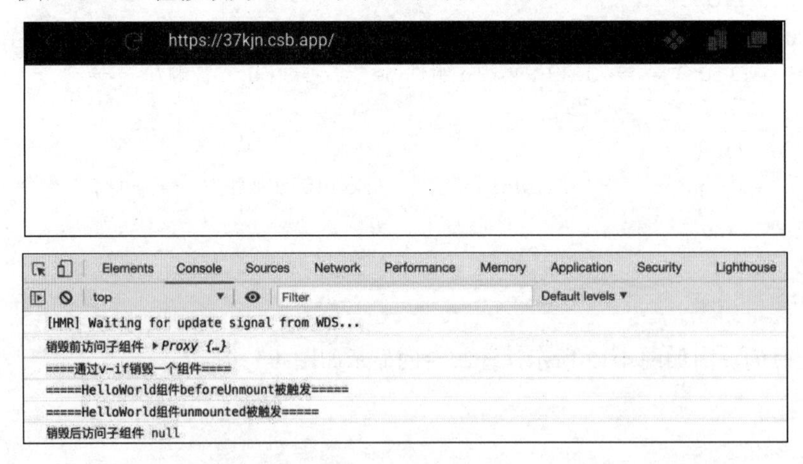

图 4-14　页面和控制台显示（3 秒后 isShow 值修改为 false 时）

由此可见，通过 v-if 销毁 HelloWorld 组件后触发了 HelloWorld 组件的 beforeUnmount 和 unmounted 生命周期，同时将 helloworld 组件从浏览器页面 DOM 中移除了。

在 Vue 2.x 中，除了使用 v-if 来销毁组件之外，还可以使用 this.$destroy 的方式来销毁组件，不过到了 Vue 3.x 中这种方式就被移除了。移除$destroy 带来的一个好处就是不会再出现组件无故被销毁，调试后才发现是父组件中使用了$destroy 所导致的，这样使得组件更为独立，不受外界影响。

3. 最佳实践

beforeUnmount/unmounted 都是由 2.x 中的 beforeDestroy/destroyed 更名而来的，作用和之前是一样的。可以使用 v-if="false"来销毁组件，这样可以触发被销毁组件中的 beforeUnmount/unmounted 生命周期钩子。使用 v-if 就相当于 Vue 2.x 时代在被销毁组件中执行了 this.$destroy 和 this.$el.parentNode.removeChild(this.$el)。在销毁子组件的同时，还将子组件在页面中渲染的 HTML 结构全部都移除了。

4. 总结

需要了解 beforeUnmount/unmounted 的触发时机。在 Vue 2.x 中可以通过 v-if 和 this.$destroy 两种方式触发，但是在 Vue 3.x 中$destroy 的方式被移除，主动销毁组件就用 v-if。

4.3.10　errorCaptured

errorCaptured 在实际的开发过程中使用较少。这里通过编写一个插件来熟悉它的使用，了解这个接口即可，没有必要花费太多的时间。

1. 学习目的

使用 errorCaptured 编写一个错误捕获插件。

2. 实战练习

错误捕获的组件如下：

```
app.component("ErrorBoundary", {
  data: () => ({ error: null }),
  errorCaptured(err, vm, info) {
    this.error = `${err.stack}\nfound in ${info} of component`;
    return false;
  },
  render() {
    if (this.error) {
      return h("pre", { style: { color: "red" } }, this.error);
    }
    return this.$slots.default();
  }
});
```

App.vue 入口文件代码如下：

```
<template>
  <div id="app">
    <error-boundary>
      <HelloWorld msg="Hello World!"/>
    </error-boundary>
  </div>
</template>
```

HelloWorld.vue 中的代码如下，在其中故意制造一个 a is not defined 的错误：

```
<template>
  <div class="hello">
    <h3>hello world</h3>
  </div>
</template>
<script>
export default {
  name: "HelloWorld",
  mounted() {
    // 故意制造一个 a is not defined 错误
    let name = a;
  },
};
</script>
```

最后，浏览器输出的界面如图 4-15 所示。

```
ReferenceError: a is not defined
at Proxy.mounted (http://localhost:3001/src/components/HelloWorld.vue:6:16)
at callWithErrorHandling (http://localhost:3001/@modules/vue.js:1300:22)
at callWithAsyncErrorHandling (http://localhost:3001/@modules/vue.js:1309:21)
at Array.hook.__weh.hook.__weh (http://localhost:3001/@modules/vue.js:3056:29)
at flushPostFlushCbs (http://localhost:3001/@modules/vue.js:1479:47)
at render (http://localhost:3001/@modules/vue.js:5939:9)
at mount (http://localhost:3001/@modules/vue.js:4168:25)
at Object.app.mount (http://localhost:3001/@modules/vue.js:9324:23)
at http://localhost:3001/src/main.js:25:5
found in mounted hook of component
```

图 4-15　浏览器输出的界面

3. 最佳实践

在实际的项目开发中，基本上没有使用过这个特性，官网也只是提供了一个错误捕获的组件的使用样例。基本上在项目中使用 errorHandler 就可以了，但是如果需要写一个异常捕获的第三方库和组件，还是可以考虑使用 errorCaptured 的，就和实战案例中展示的样例那样。

这里引用官方的解释来说明 errorCaptured 和 errorHandler 的区别。

错误传播规则

（1）默认情况下，如果全局的 config.errorHandler 被定义，那么所有的错误仍会发送它，因此这些错误仍然会向单一的分析服务的地方进行汇报。

（2）如果一个组件的继承或父级从属链路中存在多个 errorCaptured 钩子，那么它们将会被相同的错误逐个唤起。

（3）如果此 errorCaptured 钩子自身抛出了一个错误，那么这个新错误和原本被捕获的错误都会发送给全局的 config.errorHandler。

（4）一个 errorCaptured 钩子能够返回 false 以阻止错误继续向上传播。本质上是说“这个错误已经被搞定了且应该被忽略”。它会阻止其他任何会被这个错误唤起的 errorCaptured 钩子和全局的 config.errorHandler。

4. 总结

实际开发中几乎很少用到这个组件，除非自己开发第三方错误处理组件或库。

4.3.11 renderTracked/renderTriggered

renderTracked 和 renderTriggered 的出现使得开发者调试程序更加方便，排查问题的效率更高。本小节将通过实战展示两者捕获到的不同的信息来了解各自的使用场景。通过对捕获信息的不同来区别和记住这两个接口。

1. 学习目的

了解 renderTracked/renderTriggered 的使用方法以及在实战中的使用场景。

2. 实战练习

App.vue 中的代码如下：

```
<template>
  <div id="app">
    <button v-on:click="toggle">toggle</button>
    <div v-if="isShow">内容区域</div>
  </div>
</template>
<script>
export default {
  name: "App",
  data() {
    return {
      isShow: true
    }
  },
  renderTracked({ key, target, type }) {
    // 追踪到的是 get 的情况
```

```
    console.log('renderTracked:', { key, target, type });
  },
  renderTriggered({ key, target, type }) {
    // 追踪到的是 set 的情况
    console.log('renderTriggered:', { key, target, type });
  },
  methods: {
    toggle() {
      this.isShow = !this.isShow;
    }
  }
};
</script>
```

当页面加载的时候，页面和控制台打印的信息如图 4-16 所示。

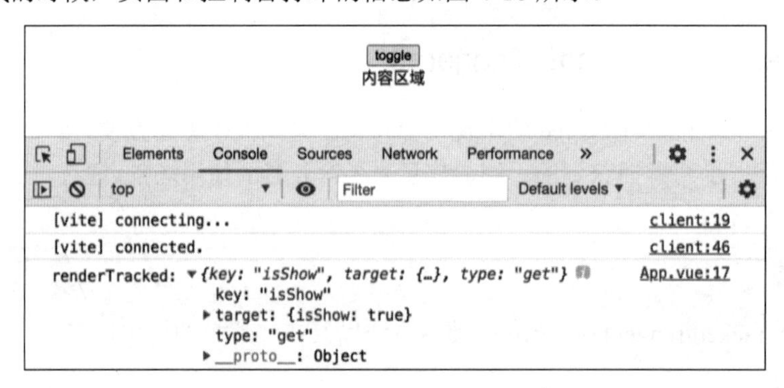

图 4-16　页面与控制台打印的信息

单击 toggle 按钮后页面及控制台信息如图 4-17 所示。

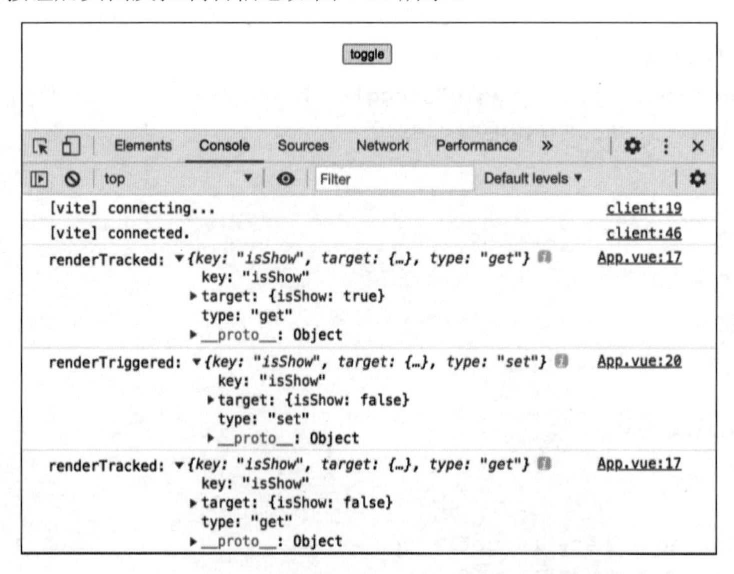

图 4-17　页面及控制台信息（单击 toggle 按钮后）

3. 最佳实践

Vue 作者新增这样一个接口的出发点是：

> Better debugging capabilities: we can precisely trace when and why a component re-render is tracked or triggered using the new renderTracked and renderTriggered hooks.（更加友好的调试能力：我们可以通过新增的 renderTracked 和 renderTriggered 钩子更加准确地追踪到一个组件的重新渲染是何时由于何种原因触发的。）

有了这样两个 API，开发者的调试将会更加方便，追踪和查找问题也会更有效率。不用再像 2.x 时代那样，有时一个组件渲染出错了，因为页面双向绑定的依赖项太多，不能够确定是哪个依赖项的改变导致页面渲染出错，只能到处打断点调试。现在只需要在 renderTracked/renderTriggered 中添加一个断点，很快就能够定位到是因为页面中的哪个参数变化导致了页面的错误。

renderTracked/renderTriggered 的区别是什么呢？官方给出的解释是这样的：

> renderTracked:This event tells you what operation tracked the component and the target object and key of that operation.（此事件告诉你是什么操作跟踪了组件，以及该操作的目标对象和键。）
>
> renderTriggered: This event tells you what operation triggered the re-rendering and the target object and key of that operation.（此事件告诉你是什么操作触发了重新渲染，以及该操作的目标对象和键。）

接下来看看实际使用时两者的差别。

- renderTracked 可以探测到 type 为 get、has、interate。例如，上述案例中探测到的就是 get 事件。因为能探测到 get 事件，renderTracked 可以在页面首次渲染的时候就被触发，因为首次渲染往往都是页面获取数值的行为。
- renderTriggered 可以探测到 type 为 set、delete、add 的行为。因为首次渲染往往只是 get 行为，所以 renderTriggered 在页面首次渲染时不一定会被触发。

4. 总结

在实际使用时，根据需要拦截的 type 类型来选择使用 renderTracked 还是 renderTriggered。

4.4 选项/资源

本节中将会介绍 directives 和 components 两个概念：directives 用于指令的自定义，components 用于对其他组件的引用。

4.4.1 directives

directives 是作为组件中的一个选项出现的，其作用范围局限在组件内部。与之对应的还有前面提到的全局指令的定义 app.directive。两者在使用上差别不大，最主要的也就是作用范围不同。在实际使用的过程中，要根据一个指令使用的频次和在各个组件中出现的概率来评估到底使用局部定义还是用全局定义。

1. 学习目的

了解 directives 和 app.directive 的区别。

2. 实战练习

参考 2.3 节中对于 app.directive 的实战，两者除了在语法上稍有不同之外，使用上均相同，所以这里就不再添加实战练习了。

这里将官方网站关于两者的使用对比放在下面，以供参考。

全局注册如下：

```
app.directive('focus', {
    // 当被绑定的元素插入 DOM 中时……
    mounted: function (el) {
      // 聚焦元素
      el.focus()
    }
})
```

局部注册（也就是在组件中注册）如下：

```
directives: {
    focus: {
    // 指令的定义
    mounted: function (el) {
        el.focus()
    }
}}
```

3. 最佳实践

directives 和 app.directive 的用法都是相同的，唯一不同的就是 directives 是局部注册的，只在当前的组件中生效。app.directive 是当前应用全局注册的，指令在所有的组件中都可以生效。

4. 总结

只在当前组件中使用的指令在组件内使用 directives 注册就可以了。应用内所有组件中都需要使用到的指令使用 app.directive 进行注册。

4.4.2 components

components用来在组件内部引用其他组件，这个和app.component是相对的关系。app.component用来在全局引用组件，两者的作用范围不同。正常组件的引用比较常见，就不做实例展示了，这里通过引用一个同步组件和一个异步组件来加深一下对components的理解。

1. 学习目的

同步和异步组件的使用对比。

2. 实战练习

（1）同步组件的使用。以下为直接引用 helloworld.vue 组件的语法：

```
<template>
  <div id="app">
    <HelloWorld msg="Hello World!" />
  </div>
</template>
<script>
import HelloWorld from "./components/HelloWorld";
export default {
  name: "App",
  components: {
    // 通过 components 就可以将其他组件应用到当前组件中进行使用了。
    // 所有引用的组件都需要放到 components 中。
    HelloWorld,
  },
};
</script>
```

（2）异步组件的使用。引用一个 AsyncCom 异步组件：

```
<template>
  <div id="app">
    <AsyncCom msg="async com!" />
  </div>
</template>
<script>
import { defineAsyncComponent } from "vue";
export default {
  name: "App",
  components: {
      AsyncCom: defineAsyncComponent(() => import("./components/AsyncCom.vue")),
  },
};
</script>
```

3. 最佳实践

该属性对应 2.1 节中 app.component 全局组件的注册。两者定义的组件一个可以在所有组件中使用、一个只可以在当前组件中使用。两者除了作用范围不同外，其他基本相同，这里不再赘述。

组件内部的 components 用法比较简单，直接将 import 过来的组件名称填写到 components 中就可以了。在少数情况下可以看到这种用法：

```
defineAsyncComponent(() => import("./components/AsyncCom.vue")),
```

这种方法是进行组件的异步加载，也就是组件不和其他组件一起打包在一个文件夹下，而是单独打包了一个 JS 文件加载出来。这种用法一般适用于所要使用的组件代码较多，但是在用户界面中基本不会使用（比如，点击出现一个功能复杂的下拉选项组件），直接和项目打包到一个 JS 中，影响首页的加载时间，所以就采取用户使用的时候再加载（异步加载）的策略。

代码的分割打包加载如图 4-18 所示。原来 A、B、C 三个组件打包成一个 bundle.js 文件，考虑到 C 组件并不常用，都打包到 bundle.js 中会影响页面的加载，所以就考虑采用第二种方式将 C 分离出来打包成一个单独的 0.js 文件，然后在用户使用到 C 组件的时候采用异步加载组件的方式进行。

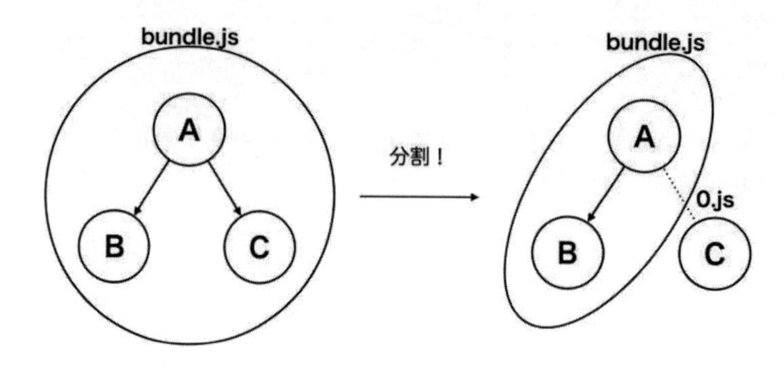

图 4-18　代码的分割打包加载

4. 总结

components 是工作中经常使用的一个属性。注意，一些体积比较大并且使用不频繁的组件可以考虑分离打包异步加载的方式进行。

4.5 组　　合

4.5.1 mixins

mixins 对应 2.4 节中的 mixin，也是对应的作用域范围不同。使用上已经在 2.4 节中详细介绍，这里做一个小的案例加深一下印象。mixin 虽然可以增加代码的可复用性，但是还是会将一些无效的函数或者方法混入，造成了污染。这一点可以通过 Vue 3.x 推出的组合式 API 来解决。在后面的章节中会有介绍，在选项式 API 中还是使用 mixin 混入。

1. 学习目的

将两个组件中共用的代码放到 mixins 中，优化组件的代码。

2. 实战练习

在按钮 1 和按钮 2 中都有一个单击按钮就可以弹窗显示组件名字的功能，如果不使用 mixins 那么代码应该是下面这样的。

按钮 1 组件的代码：

```
export default {
  name: "BtnOne",
  data() {
    return {
      name: "我是组件 BtnOne",
    };
  },
  methods: {
    clickme() {
      alert(this.name);
    },
  },
};
```

按钮 2 组件的代码：

```
export default {
  name: "BtnTwo",
  data() {
    return {
      name: "我是组件 BtnTwo",
    };
  },
  methods: {
    clickme() {
      alert(this.name);
    },
  },
};
```

代码中的 clickme 方法被定义了两次，也就意味着一旦 clickme 需要修改，就将会修改两处。使用 mixins 修改上述代码，效果如下：

按钮 1 中的代码：

```
import mixins from "../mixins/index";
export default {
  name: "BtnOne",
  data() {
    return {
      name: "我是组件 BtnOne",
    };
  },
```

```
  mixins: [mixins],
};
```

按钮 2 中的代码：

```
import mixins from "../mixins/index";
export default {
  name: "BtnTwo",
  data() {
    return {
      name: "我是组件 BtnTwo",
    };
  },
  mixins: [mixins],
};
```

mixins 中的代码：

```
export default {
  methods: {
    clickme() {
      alert(this.name);
    }
  }
}
```

当需要修改 clickme 方法的时候，只需要在 mixins 文件中修改就可以了，达到了高内聚低耦合的目的。

3. 最佳实践

当发现几个组件中都写了同样的一段代码时，就是 mixins 该出场的时候了。因为几个组件中写同样一段代码带来了代码重复和维护时需要同时修改几处的问题，这时可以将几个组件中相同的代码部分抽离出来放到 mixins 中去。这样后期的维护只要修改一处，就可以同时在几个组件中产生效果了。在实际开发中，可能会存在如下一些疑问，这里进行一下总结：

（1）当组件和 mixins 中都存在同一个 data 数据时，以组件自身的 data 为准：

```
example.vue
data: {
     return {
            name: 'example'
     }
},
mixins: [mixins]
 mixins.js
```

```
data: {
    return {
        name: 'mixins'
    }
}
```

最终 example 中的 name 以自己定义的'example'为准。

（2）当组件和 mixins 中都存在同一个生命周期或者 watch 时，将会先执行 mixins 中的生命周期再执行组件内部的生命周期钩子，如 beforeCreate、created、beforeMount、mounted、beforeUpdate、updated、beforeDestroy、destroyed：

```
example.vue
created() {
     console.log('example');
},
watch: {
    name() {
        console.log('eample watch triggered');
    }
},
mixins: [mixins]
mixins.js
created() {
    console.log('mixins');
},
watch: {
    name() {
        console.log('mixins watch triggered');
    }
}
```

最终 example 将会输出如下内容：

```
"mixins"
"example"
```

当 name 改变时触发 watch 打印出的结果如下：

```
'mixins watch triggered'
'eample watch triggered'
```

（3）当组件和 mixins 中存在 methods、components、directives、filters 中的属性同名时，以组件中的定义为准，放弃 mixins 中的定义：

```
example.vue
created(){
```

```
        this.name();
    },
    methods: {
        // 以下为同名属性
        name() {
            console.log('my name is example');
        }
    }
    mixins: [mixins]
    mixins.js
    created() {
        console.log('mixins');
    },
    methods: {
        // 以下为同名属性
        name() {
            console.log('my name is mixins');
        }
    }
```

example 中将只会输出：

```
"my name is example"
```

4. 总结

当多个组件中都写了重复的代码时，需要考虑使用 mixins。如果是每个组件中都使用到的代码，就可以考虑使用全局 mixins（参考 2.4 节）。使用时注意 Vue 的默认合并策略。当然你也可以根据自己的需要修改合并策略（参考 1.5 节）。Vue 提供了这样的功能，但是绝大部分情况下不会使用自定义合并策略功能，默认策略即可。

在 Vue 3.0 时代，带来了一个比 mixin 更好的解决组件之间代码冗余的方案，即组合式 API（composition-api）。这一点在十一章中进行介绍，并对比分析与 mixins 方案的优劣。

4.5.2 extends

extends 和 mixins 几乎是同样的功能，extends 能实现的基本都可以用 mixins 替代，例如，“extends: VueComponent”可以用“mixins:[VueComponent]”的方式替代。当子组件和父组件的定义重复时，extends 与 mixins 的合并策略也是相同的。

1. 学习目的

使用 extends 实现组件的继承。

2. 实战练习

在入口组件 App.vue 中调用 BtnA 组件：

```
<template>
  <div id="app">
    <BtnA></BtnA>
  </div>
</template>

<script>
import BtnA from "./components/BtnA";
export default {
  name: "App",
  components: {
    BtnA
  }
};
</script>
```

组件BtnA继承了组件BtnB的代码：

```
<template>
  <div>我是组件BtnA.vue</div>
</template>
<script>
import BtnB from "./BtnB.vue";
export default {
  name: "BtnA",
  data() {
    return {
      name: "BtnA",
    };
  },
  extends: BtnB,
  created() {
    console.log(
      "调用组件B中的getOne方法得到的结果：",
      this.getOne()
    );
    console.log(
      "获取重复定义的data的name值,优先使用的值是：",
      this.name
    );
  },
};
</script>
```

BtnB 的代码：

```
<template>
  <div>我是组件 B</div>
</template>

<script>
export default {
  name: "BtnB",
  data() {
    return {
      name: "BtnB",
    };
  },
  methods: {
    getOne() {
      return 1;
    },
  },
};
</script>
```

最后控制台打印出的值如图 4-19 所示。

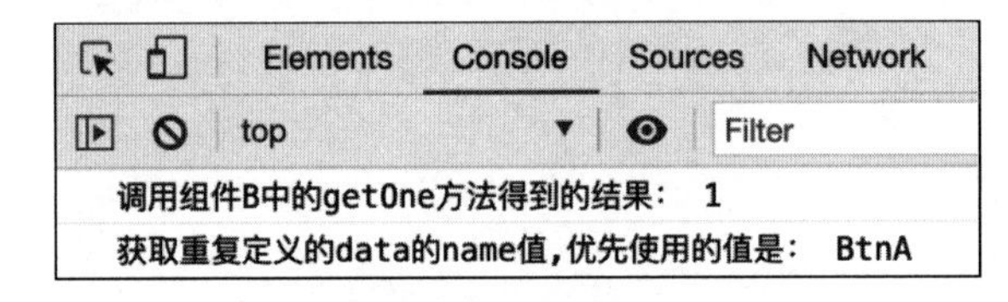

图 4-19　控制台打印出的值

3. 最佳实践

在阅读了上述实战案例后，可以发现 extends 和 mixins 确实是有很多相似之处，都能够将公用的部分提取出来减轻代码的冗余度。所以接下来主要看一下两者的不同之处。

（1）接受的参数不同。

```
extends: Obejct | Function
mixins: Array<Object>
```

（2）当同时使用 extends 和 mixins 存在重复定义变量或者方法时，extends 的优先级大于 mixins。

在实际的开发中使用哪一个呢？mixins 基本可以胜任所有功能，但是有一种情况推荐使用 extends 而非 mixins——使用第三方组件库时（例如 Element-UI）对一个组件（如 el-btn）扩充一些参数或者方法。这时因为无法改动 Element 的源代码，所以建议新建一个组件，在组件中添加 extends: el-btn 继承 Element UI "el-btn"组件，然后在新写的组件中去增加想要扩充的功能。

比如，有这样一个需求，每次页面加载了 Element-ui 的一个按钮时就需要上报一次。这样运营人员就可以统计到这个按钮到底被多少用户看过。下面通过 extends 来实现 myBtn 代码：

```
{
   extends: ElementBtn,
   created() {
      ReportLog(); // 上报按钮被加载
   }
}
```

每次加载 myBtn 组件时，既有 Element UI　Button 的功能，又有上报的功能。

建议使用 extends 的原因是首先从字面意思上 extends 表示“继承”，而 mixins 表示“混合”，明显 extends 含义与我们实现的功能更相近。其次，我们只需要继承一个组件，而不是多个，所以 mixins 的传参为数组又显得多余了。

4. 总结

在需要对第三方组件进行功能扩充时，建议使用 extends，其他时候建议使用 mixins 或 Composition API。

4.5.3　provide/inject

在正常的组件之间传递数据的时候，往往通过 props 就可以完成数据的传递，但是在有些情况下需要透过几层组件才能到达目标组件。这时如果进行层层传递，就会对中间组件造成污染，因为中间组件根本没有也不需要这些数据。这时可以根据实际情况来考虑是否需要使用可替代方案，例如 vuex、mixin、全局变量、provide/inject 等，这一节中将会对 provide/inject 的作用进行详细分析。下面通过图 4-20 这样一张图片来了解一下真实情况下注入的场景。

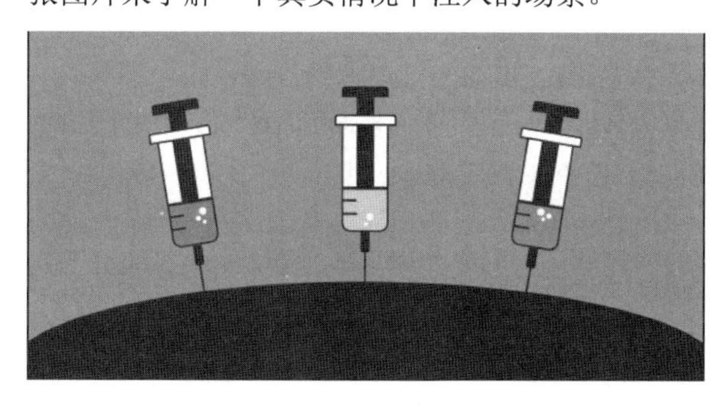

图 4-20　真实情况下注入场景

1. 学习目的

对于层级较深的组件间传值，使用一下 provide/inject，通过实战了解 provide 的挂载时间点以及使用上的细节。

2. 实战练习

App.vue 组件中的代码如下：

```
<template>
  <div id="app">
    <ComponentA></ComponentA>
  </div>
</template>
<script>
import ComponentA from "./components/ComponentA";
export default {
  name: "App",
  components: {
    ComponentA,
  },
  data() {
    return {
      appName: "APP",
      people: {
        name: "jackie",
        likes: "films",
      },
    };
  },
  // 直接使用对象定义 provide
  // provide: {
  //   appName: "APP"
  // },
  // 当需要使用 data 数据的时候，使用函数定义 provide
  provide() {
    return {
      anotherName: this.appName,
      // people 主要用来测试 provide 向外提供的对象内部发生变化是否可以被监听到
      anotherPeople: this.people,
    };
  },
  beforeCreate() {
    // 用来检测在 beforeCreate 生命周期中 provide 的值有没有挂载完成
    console.log(
      "App.vue 中 beforeCreate 生命周期中获取 provide 的值：",
      this._.provides
    );
  },
  created() {
    // 用来检测在 created 生命周期中 provide 的值有没有挂载完成
    console.log("App.vue 中 created 生命周期中获取 provide 的值：", this._.provides);
    // 在这边可以修改掉 provide 提供出去的值
    this._.provides.anotherName = "newAnotherName";
```

```
    setTimeout(() => {
      // 测试 provide 的值一旦提供出去再修改，使用的地方能不能做到双向绑定。
      // provide 一旦提供出去，值再次修改就无法再次触发子组件引用该数据处的变更，
      // 因为 provide/inject 是非响应式的
      // this._provided.anotherName = "ninini"; // 这种方法无法实现双向绑定
      // 如果实在需要 provide 提供出去的值还能够双向绑定，可以放在一个对象中，
      // 例如这边的 people 对象
      this.people.name = "jackiewillen";
    }, 2000);
  },
};
</script>
```

ComponentA 组件代码：

```
<template>
  <div>
    <ComponentB></ComponentB>
  </div>
</template>
```

ComponentB 组件代码：

```
<template>
  <div>
    <ComponentC></ComponentC>
  </div>
</template>
```

ComponentC 组件代码：

```
<template>
  <div>我是组件 ComponentC,传递过来的值{{ people.name }}</div>
</template>

<script>
export default {
  name: "ComponentC",
  inject: ["anotherName", "anotherPeople"],
  watch: {
    anotherName() {
      // 简单数据类型无法监听，一旦注入后面就无法再监听到任何变化
      console.log("anotherName changed");
    },
    anotherPeople: {
      deep: true,
```

```
      handler(newValue) {
        // 通过深度监视的方法是可以监听到注入对象内部变化的
        console.log("anotherPeople 发生变化", newValue);
      },
    },
  },
  data() {
    return {
      people: this.anotherPeople,
    };
  },
  beforeCreate() {
    // 在 beforeCreate 生命周期中无法获取到注入的 anotherName 值
    console.log(
      "ComponentC.vue 中 beforeCreate 生命周期中获取 anotherName 的值",
      this.anotherName
    );
  },
  created() {
    // 在 created 以及 created 之后的生命周期中可以获取到 anotherName 的值
    console.log(
      "ComponentC.vue 中 created 生命周期中获取 anotherName 的值",
      this.anotherName
    );
  },
};
</script>
```

页面初始化如图 4-21 所示。

图 4-21　初始页面

2 秒后页面如图 4-22 所示。

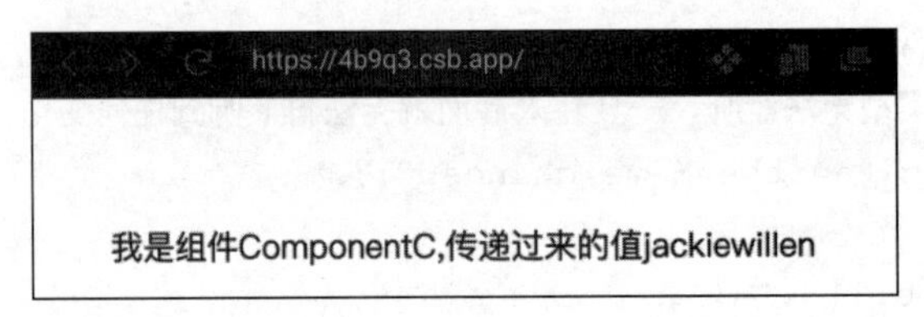

图 4-22　页面的显示情况（2 秒后）

控制台初始打印值如图 4-23 所示。

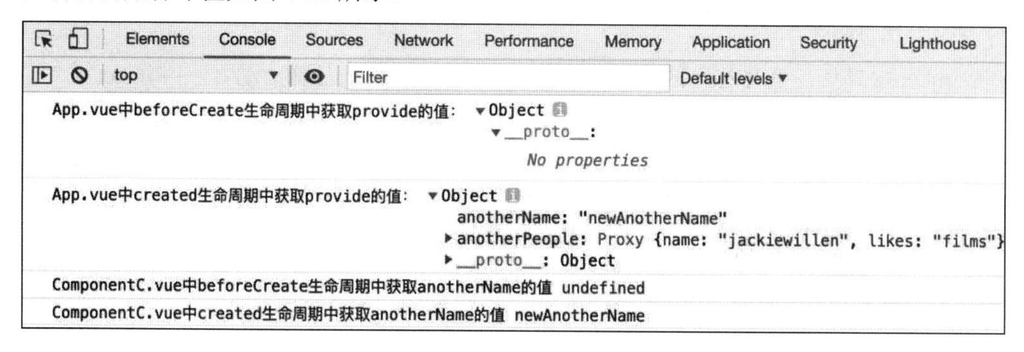

图 4-23　控制台的初始打印值

2 秒后控制台的打印值如图 4-24 所示。

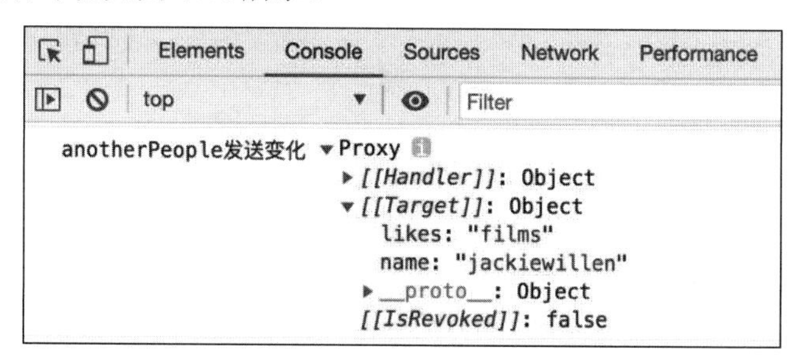

图 4-24　控制台打印出的值（2 秒后）

3. 最佳实践

看了上述实例可能会有以下疑问：

问题一：provide 中可以使用 data 中的值吗？provide 装载到 this 实例上发生在生命周期的什么阶段？

答：通过 Vue 各个生命周期中的执行情况来解答。

```
beforeCreate // 无法获取和修改 provide 向外提供的值，因为此时 provide 还未初始化
data        // data 中的数据绑定到 this 实例上进行 data 数据的初始化
provide // provide 初始化，因为 provide 在 data 初始化之后，可以获取到 data 中的值，
            // 所以如果 provide 需要向外提供包含 data 中的值就可以用函数的形式
created // 在这个阶段$el 还未生成，如果需要修改 provide 的值就在这个阶段进行。
            // 在 created 中可以通过 this._.provides.propertyName=xxx 来修改 provide
            // 向外提供的值
```

从上述过程可以看出，provide 的数据挂载到 this 实例上是处在 beforeCreate 和 created 两个生命周期之间。

问题二：目标组件 inject 注入的值在哪个生命周期中可以获得？

答：在 beforeCreated 中无法获取到 inject 的值。从 created 及向后的生命周期都可以获取到 inject 注入的值。inject 的加载过程和问题一中的 provide 相同。

问题三：provide 的值修改后在 inject 组件中可以监听到吗？在 inject 组件中，使用 provide 值的地方会双向绑定吗？

答：inject 中只接受变量传入的第一次的值，以后 provide 有任何改动，使用 inject 的组件都无法感知到，即使使用 watch 也监听不到 provide 提供的值的变化。可以理解为 Vue 中的 inject 就是一次性的注射行为。没有做成响应式的也是 Vue 有意为之。当然，如果实在需要 provide 提供的值来能够在 inject 组件中被监听到，就用问题四中提及的 provide 提供一个对象来 inject。

问题四：provide/inject 可以做成响应式的吗？

答：可以。可以使用如下方法将 provide/inject 做成响应式的。

```
data() {
    return {
      people: {
        name: "jackie",
        likes: "films"
      }
    };
  },
provide() {
    return {
      // provide 向外提供的是一个 data 中的对象，people 中的修改可以双向绑定到 inject
      // 的页面上
      anotherPeople: this.people
    };
  }
```

在 componentC.vue 中，可以通过深度监听观察到对象内部的变化，并且对象内部的属性都是响应式的。

```
watch: {
    anotherPeople: {
      deep: true,
      handler(newValue) {
        // 通过深度监视的方法是可以监听到对象内部变化的
        console.log("anotherPeople 发送变化", newValue);
      }
    }
  }
```

问题五：provide/inject 在实际的项目应用中有用武之地吗？

答：在小型项目中使用响应式的 provide/inject 替代较为大型的 vuex 相对比较轻量快捷，缺点是无法进行数据变化的追踪。

当组件层级较深，一个 prop 需要传递 4、5 层组件才会到达目标组件时，可以考虑在顶层使用 provide、在底层使用 inject 注入。

4. 总结

当一个组件属性（props）需要传递 4、5 个甚至更多的组件才能到达目标组件时，可以考虑看有没有必要使用 provide/indect。

4.5.4 setup

详见 11.1 节中的介绍。

4.6 杂　　项

这一节将几个不太好归类的选项式 API（name、delimiters、inheritAttrs）放到了一起，所以称为杂项。其中，name 主要用于组件的命名，delimiters 主要用于分隔符的自定义，inheritAttrs 用于定义属性的继承规则。

4.6.1 name

name 主要用来定义一个组件的名称，但是多数场景下不定义 name 也能运行。本小节将在最佳实践中分析这个 name 属性到底有什么用、对开发会造成哪些影响。

1. 实战目的

因为只是一个简单的 name 属性，这里就不设置实战练习。

2. 实战练习

无。

3. 最佳实践

实战中 name 有以下几点作用。

（1）这里的 name 对应的就是 devtools 中对应的名称，不是 component 中 key 的名称（如下例中的 HelloWorld12/HelloWorld13）。在 Vue 2.x 中，部分情况测试下来使用的是 component 的 key 作为 devtools 中的名称。

App.vue 组件中的代码：

```
<div id="app">
    <HelloWorld12 msg="Hello World!"/>
    <HelloWorld13 msg="Hello World!"/>
  </div>
<script>
import HelloWorld from "./components/HelloWorld";
export default {
  name: "App",
```

```
  components: {
    HelloWorld12: HelloWorld,
    HelloWorld13: HelloWorld,
  }
};
</script>
```

HelloWorld.vue 中 name 的定义：

```
export default {
  name: 'HelloWorld',
  props: {
    msg: String
  }
}
```

最终界面输出如图 4-25 所示。

（2）在 Vue 3 中使用 keep-alive 时，include 和 exclude 就是使用 name 来区分不同组件的。在 Vue 2.x 中，实际测试下来 exclude 中填写的不是 name 的值，而是 components 中 key 值的名称。

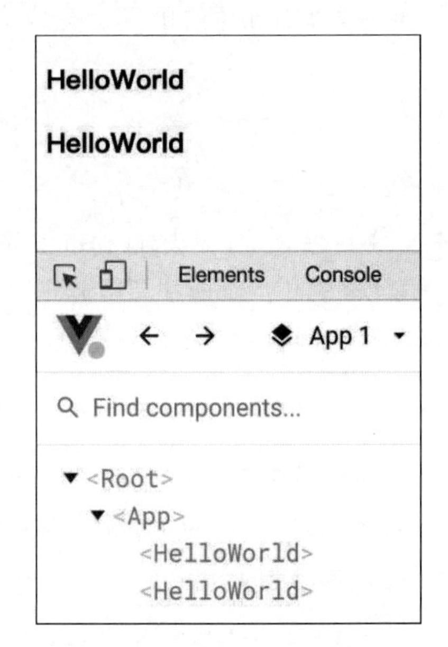

图 4-25 最终界面输出的内容

App.vue 文件代码如下：

```
<template>
  <div id="app">
    <keep-alive exclude="HelloWorld12">  <!--填写 HelloWorld 就无法将 exclude
排除掉，还是会触发 helloworld 中的 activated 生命周期，但是填写 HelloWorld12 就可以成功地排
除掉-->
      <HelloWorld12 v-if="show" msg="Hello World12!"/>
    </keep-alive>
  </div>
</template>

<script>
import HelloWorld from "./components/HelloWorld";
export default {
  name: "App",
  components: {
    HelloWorld12: HelloWorld,
  },
  data() {
    return {
      show: true
    }
```

```
  },
  mounted() {
    setTimeout(() => {
      this.show = false;
    }, 2000);
    setTimeout(() => {
      this.show = true; // 再次出现应该会触发 keep-alive 组件下的 activated 生命周期
    }, 4000);
  }
};
</script>
HelloWorld.vue
<script>
export default {
  // name: 'HelloWorld',
  props: {
    msg: String
  },
  activated() {
    console.log('activated triggered');
  }
}
</script>
```

使用 exclude="HelloWorld"打印出来的结果如图 4-26 所示，成功 exclude。

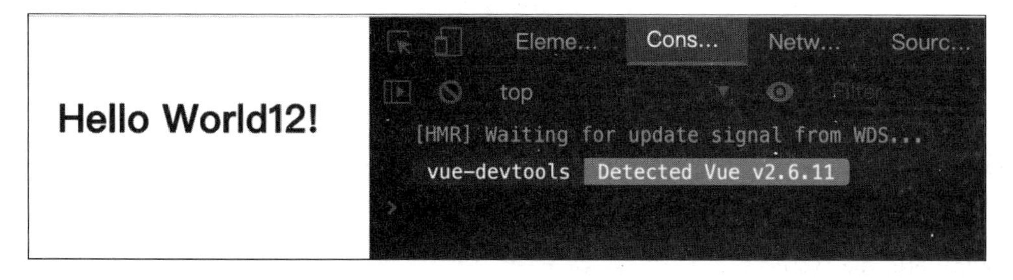

图 4-26　成功 exclude

使用 exclude="HelloWorld12" 打印出来的结果如图 4-27 所示，没有成功 exclude。

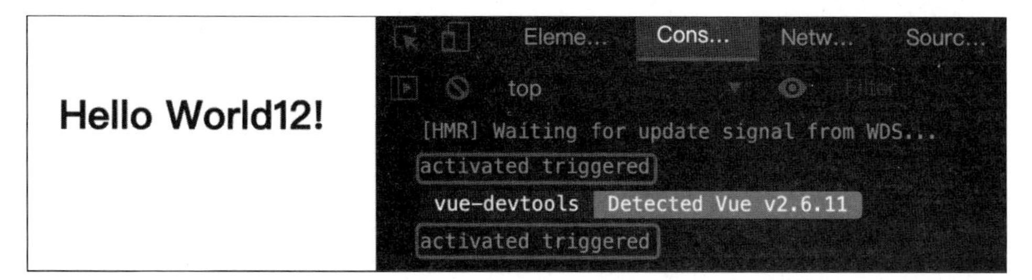

图 4-27　没有成功 exclude

从上例可以看出，exclude 是根据 name 来进行的，而不是 component 定义时的 key。

（3）Vue 组件递归调用自身时，一定要写 name。

App.vue 代码如下：

```
<template>
  <div id="app">
      <HelloWorld :children="children" :msg="msg"/>
  </div>
</template>
<script>
import HelloWorld from "./components/HelloWorld";
export default {
  name: "App",
  components: {
    HelloWorld: HelloWorld,
  },
  data() {
    return {
      show: true,
      msg: "HelloWorld",
      children: {
        msg: 'helloworld组件内容1',
        children: {
          msg: 'helloworld组件内容2'
        }
      }
    }
  }
};
</script>
```

HelloWorld.vue 代码如下：

```
<template>
  <div class="hello">
    <h1>{{ msg }}</h1>
    <!--以下为组件内部调用自身-->
    <HelloWorldS
      v-if="children"
      :children="children.children"
      :msg="children.msg"></HelloWorldS>
  </div>
</template>
```

```
<script>
export default {
  name: 'HelloWorldS',      // 为了验证的确是用的 name，而不是文件名或其他，特意在
                            // 最后添加 S 进行验证
  props: {
    msg: String,
    children: Object,
  }
}
</script>
```

最终显示的结果如图 4-28 所示。

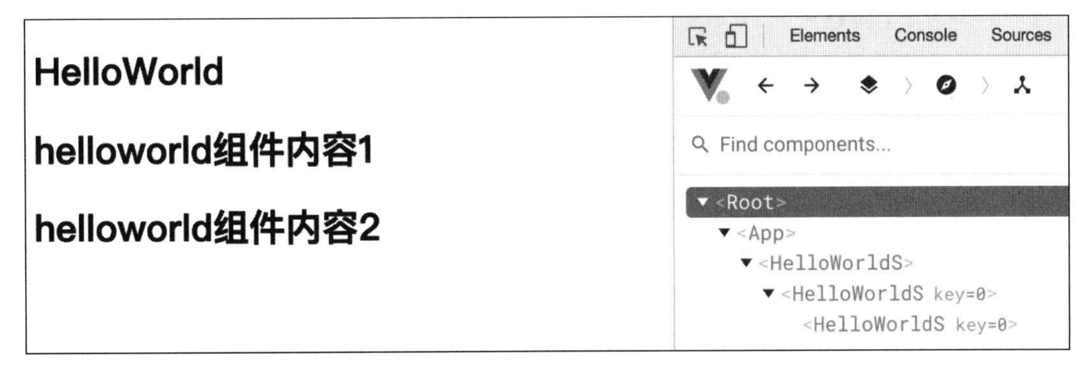

图 4-28　最终显示的结果

可以看出，在组件调用自身的时候的确是使用的 name 属性，而不是文件名或其他。

4. 总结

在大多数情况下，Vue 组件中不定义组件的 name 也没有多大问题，在组件需要调用自身的情况下是一定需要设置的。建议在创建一个新组件的时候都写一个 name，这样会增加代码的可理解性。

4.6.2　delimiters

delimiters 用来自定义分隔符。例如，在 Vue 中，默认的分隔符是{{}}，但是早期 Vue 会混合着其他框架（例如 jQuery）的代码一起使用，可能在另一种场景下的分隔符就是${}，所以 delimiters 是为了增强早期的 Vue 代码的兼容性，加快 Vue 的推广而出现的一个接口。随着 Vue 的使用越来越广泛，Vue 本身的配套越来越齐全，前后端逐渐分离。这些使得 Vue 可以完全满足前端的需求，而无须兼容老的模板代码或者其他框架，所以现在已经很少会使用 delimiters 了。这个接口依然保留着是因为某些特殊的场景还是需要自定义分隔符的，所以还是要对它有一定的了解。

1. 学习目的

了解 delimiters 如何使用。

2. 实战练习

delimiters 只有像下面这样独立构建才能够生效：

```
import {createApp} from "vue";
createApp({
  el: "#app",
  delimiters: ["[[", "]]"],
  data() {
    return {
      content: "helloworld"
    };
  },
  <!--只有如下的 template 属性配合 delimiters 才会生效-->
  template: `<div>[[content]]</div>`
});
```

3. 最佳实践

很容易进入的一个误区就是在一个 Vue 文件中定义一个 delimiters 后使用 delimiters。实际上 delimiters 是不能够在 Vue 文件中使用的。用 Vue 的作者的话说就是为了保持语法的一致性，同时也几乎不会出现需要修改 Vue 文件中的模板 template 的 delimiters 的业务场景。

在一个组件中定义 delimiters 是不会影响子孙组件的，只对当前的组件起作用。想要设置全局的 delimiters，可以使用如下语句：

```
app.mixin({ delimiters: ['[[',']]'] });
```

4. 总结

delimiters 只能够在“template 属性”中使用，不能够在后缀名称为.vue 的文件中使用。因为早期 Vue 项目中会混合着 jQuery 等框架一起使用，经常会由于 delimiters 和其他框架相同而产出编译问题。后期 Vue 结合 vue-loader 和 webpack 以独立的 Vue 文件出现，基本上就没有使用 delimiters 的必要了。

4.6.3 inheritAttrs

默认情况下，父组件传入的不被子组件认作 props 的 attribute 属性将会被子组件作为普通的 HTML attribute 属性应用在子组件的根元素上。这样的默认行为可能会带来子组件代码的冗余。通过设置 inheritAttrs 到 false，这些默认行为将会被去掉，子组件渲染成 DOM 后的代码也相对干净些。大部分情况下无须改动此接口的默认设置，将少量代码添加到子组件上无伤大雅。

1. 学习目的

通过实际案例了解 inheritAttrs（默认值为 true）在实际中的作用。

2. 实战练习

（1）使用 v-bind 给子组件传递一个子组件没有定义的 props 会出现在渲染后的 dom 属性中吗？inheritAttrs 关闭（默认是打开的）了又如何？

child 组件中并没有定义 likes 这个 props，但是通过 v-bind 传入了 likes 的值：

```
<child :likes="'apple'"></child>
```

渲染后的 child 组件的 dom：

```
<div likes="apple">...</div>
```

当 inheritAttrs 为 false 时，渲染后的 child 组件的 dom：

```
<div>...</div>
```

结论：inheritAttrs 打开会出现在 dom 中，inheritAttrs 关闭不会出现在 dom 中。

（2）使用 v-bind 给子组件传递一个子组件有定义的 props 会出现在渲染后的 dom 属性中吗？inheritAttrs 关闭了又如何？

child 组件中定义了 likes 这个 props，在父组件使用 v-bind 传入 likes。

```
<child :likes="'apple'"></child>
```

渲染后的 child 组件的 dom：

```
<div>...</div>
```

当 inheritAttrs 为 false 时，渲染后的 child 组件的 dom：

```
<div>...</div>
```

结论：inheritAttrs 关闭与否都不会出现在 dom 中。

（3）不通过 v-bind（直接 property="value"）传递一个属性给子组件会出现在渲染后的 dom 属性中吗？inheritAttrs 关闭了又如何？

直接向 child 组件中传入一个 likes 属性：

```
<child likes="apple"></child>
```

渲染后的 child 组件的 dom：

```
<div likes="apple">...</div>
```

当 inheritAttrs 为 false 时，渲染后的 child 组件的 dom：

```
<div>...</div>
```

结论：inheritAttrs 打开会出现在 dom 中，inheritAttrs 关闭不会出现在 dom 中。

（4）通过 this.$attrs 传递到子组件的属性会出现在渲染后的 dom 属性中吗？inheritAttrs 关闭了又如何？

this.$attrs 为{ "time": "2080-8-8", "family": "A" }时传入子组件：

```
<child v-bind="this.$attrs"></child>
```

渲染后的 child 组件的 dom：

```
<div time="2080-8-8" family="A">...</div>
```

当 inheritAttrs 为 false 时，渲染后的 child 组件的 dom：

```
<div>...</div>
```

结论：inheritAttrs 打开会出现在 dom 中，inheritAttrs 关闭不会出现在 dom 中。

（5）子组件中使用的 inheritAttrs 为 false 时，子组件中的 this.$attrs 能接受到父组件中传入的非 props 属性吗？

结论：this.$attrs 不会受 inheritAttrs 的影响。无论 inheritAttrs 值如何，父组件中传入的非 props 属性都将出现在子组件的 this.$attrs 中（class/style 除外）。

可以看出，无论是通过 v-bind、非 v-bind 还是$attrs 传入到子组件中的属性，只要是子组件中未在 props 中定义的都会出现在渲染后的 dom 中。当 inheritAttrs 设定为 false 后，都不会出现在渲染后的 dom 中。

3. 总结

在实际的项目开发中，这个属性使用的频率也是非常低的。当你考虑减少组件渲染后的大小或者安全因素不想让变量渲染到 dom 属性中，从而很容易被用户读取时，可以设置 inheritAttrs 为 false。

第 5 章

实例 property

实例是指代当前所处的组件，也有自己的属性。$data 是选项式 API 中 data 的定义。$props 获取的是从父组件中传入的被定义的 props，$el 用来获取当前节点 dom，$options 挂载了与实例相关的很多选项。$parent 用来获取当前实例的父实例，$root 用来获取当前实例的根实例，$slots 用来获取插槽中的内容。$refs 用来获取指定节点。$attrs 用来记录从父组件中传入的属性。实例 property 在开发中的使用比较多，因为 property 的选项较多，所以经常会遇到一些问题，通过实例 property 可以找到好的解决方法和补救方法。这一章中的每一小节都有必要仔细阅读和理解，因为实例 property 功能强大且丰富，而且不同属性之间的组合使用还会有更强大的作用，有时往往能克服一些令人头疼的问题，所以说在工作中的使用场景还是比较多的。接下来对属性在实战中的使用进行逐个分析。

5.1 $data

$data 用于代理对 data 属性中数据定义的访问。

1. 学习目的

注意区别$data、this.$data、this.$options.data 三者之间的关系。

2. 实战练习

下面通过一段代码打印出相关的信息来区分三者之间的关系。

```
<template>
  <div id="app">
    <input :value="value" />
  </div>
</template>
<script>
import { setTimeout } from "timers";
export default {
```

```
    name: "App",
    data() {
      return {
        value: "23",
      };
    },
    created() {
      console.log("this.$data", this.$data);
      console.log("this.$options.data()", this.$options.data());
      setTimeout(() => {
        this.value = "25";
        console.log("this.$data", this.$data);
        console.log("this.$options.data()", this.$options.data());
      }, 2000);
      setTimeout(() => {
        // 4 秒之后重置表单
        Object.assign(this.$data, this.$options.data.apply(this));
        console.log("this.$data", this.$data);
        console.log("this.$options.data()", this.$options.data());
      }, 4000);
    },
  };
</script>
```

打印出来的信息如图 5-1 所示。

```
Elements  Console  Sources  »  9  1  23
top  Filter  Default levels
this.$data ▸Proxy {value: "23"}        页面加载   index.js:27
this.$options.data() ▸{value: "23"}               index.js:27
this.$data ▸Proxy {value: "25"}        2秒        index.js:27
this.$options.data() ▸{value: "23"}               index.js:27
this.$data ▸Proxy {value: "23"}        4秒        index.js:27
this.$options.data() ▸{value: "23"}               index.js:27
```

图 5-1　打印出来的信息

从打印的结果可以看出，data 属性中的值和 this.$data 属性中的值是同步的。data 变化，$data 也变化；$data 变化，data 也变化。this.$options.data 是 data 属性初始的一份备份。后期 data 属性的变化不会同步给 this.$options.data。

3. 最佳实践

$data 和 data 可以说就是一个东西，data 变化，$data 也变化，$data 变化，data 也变化。目前只见到过一种场景使用$data，就是用$data 来重置 data，如下述代码所示。例如当页面中有表单数据的时候，往往页面上有个重置的按钮，重置表单的数据为初始化的数据。

```
Object.assign(this.$data, this.$options.data.apply(this));
```

4. 总结

当需要对 data 属性中的数据进行重置时，可以考虑使用$data 配合 this.$options.data()来对 data 属性进行重置。

5.2　$props

$props 就是组件接收的 props 属性的一个代理。这就使得两者的变化存在联动关系，本节主要通过实战来验证两者的联动关系。

1. 学习目的

验证 this.$props 是否跟随 props 的变化而变化。

2. 实战练习

App.vue 中的代码：

```
<template>
  <div id="app">
    <HelloWorld :msg="msg" />
  </div>
</template>
<script>
import HelloWorld from "./components/HelloWorld";
export default {
  name: "App",
  components: {
    HelloWorld,
  },
  data() {
    return {
      msg: "hello world",
    };
  },
  created() {
    setTimeout(() => {
      // 修改 helloworld 组件传入的 props 的值
      this.msg = "nihao";
    }, 2000);
  },
};
</script>
```

HelloWorld.vue 中的代码：

```
<template>
  <div class="hello">
    <h4>{{ msg }}</h4>
  </div>
</template>
<script>
export default {
  name: "HelloWorld",
  props: {
    msg: String,
  },
  created() {
    console.log("props 修改前$props 的值：", this.$props);
    setTimeout(() => {
      console.log("查看 props 修改后$props 的值：", this.$props);
    }, 3000);
  },
};
</script>
```

最后打印出来的结果如图 5-2 所示。

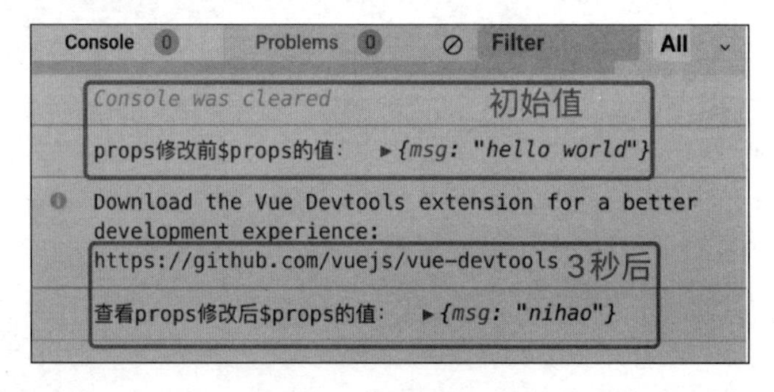

图 5-2　打印出来的结果

从打印出来的结果可以看出，$props 是和 props 相互关联的，props 变化了，$props 也就变化了。实际上，$props 就是 props 的一个代理。

3. 最佳实践

$props 是将 v-bind（简写为冒号：）传入组件的 props 都收集起来的一个容器。传入组件的 props 都可以在$props 中获取到。在实际的开发过程中，这个属性除了 debugger 时可能需要一次性将传入组件的 props 都打印出来以便查看和调试之外，基本没有使用过。

4. 总结

debugger 中需要打印出所有传入的 props 时，可以考虑使用 this.$props。

5.3　$el

$el 用来获取当前组件的根 DOM。在 Vue 中，尽量在获取 DOM 的时候通过一些接口进行获取，例如$el、$ref，以减少 JS 原生代码的操作甚至是类似于第三方框架 jQuery 的使用，更加便于阅读和理解，同时也会方便很多。

1. 学习目的

了解$el 在哪一个生命周期中加载好后可以使用。

2. 实战练习

测试代码如下：

```
<template>
  <div id="app">内容区域</div>
</template>
<script>
export default {
  name: "App",
  created() {
    console.log("created 中$el 的结果====>", this.$el);
  },
  mounted() {
    console.log("mounted 中$el 的结果====>", this.$el);
  }
};
</script>
```

打印出来的结果如图 5-3 所示。

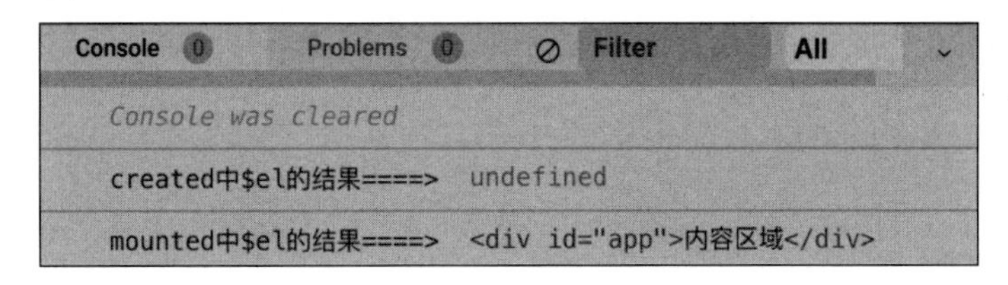

图 5-3　打印出来的结果

从实验的结果可以看出，$el 属性在 created 生命周期中还是处于未初始化阶段，只有在 mounted 生命周期中才可以使用。

3. 最佳实践

从目前接触到的项目和开源的项目来看，$el 使用的频率都是非常低的。在从 jQuery 技术栈向 Vue 技术栈过渡的老项目中可能会使用到，因为 jQuery 对 DOM 的操作比较频繁，有时需要获取根节点来操作整个 DOM 文档。因为在 Vue 中不提倡通过 document.getElement***这种使用原生 DOM API 来获取 DOM 节点的方式，往往是通过 this.$el 来获取根节点。注意，this.$el 要在 mounted 以及 mounted 生命周期之后才能获取到，因为只有在这个时候 DOM 才加载完成。如果只是获取一个组件的 DOM，那么推荐使用 this.$ref 来获取。

4. 总结

在 Vue 中，需要获取节点的 DOM 时，都是优先考虑使用 this.$el 来取代原生的 DOM API 获取根节点。

5.4 $options

$options 中挂载的内容比较多，基本在 Vue 选项式 API 的接口很多在$options 中都能够找到，数据虽然挂载的多，但是在实际的开发中真正用到这个属性的地方并不多。大多数情况下，在调试时逐个打印数据比较麻烦，直接打印出$options 会快捷一些，因为$options 中包含了很多数据。

1. 学习目的

查看$options 属性中包含了哪些内容。

2. 实战练习

实验代码：

```
<template>
  <div id="app">内容区域</div>
</template>
<script>
export default {
  name: "App",
  selfDefined: "自己定义的属性",
  data() {
    return {
      name: "jackieyin",
    };
  },
  created() {
    console.log(this.$options);
  },
};
</script>
```

控制台中打印出来的内容如图 5-4 所示。

在 Vue 2.x 中，this.$options 包含的内容如图 5-5 所示。

```
Elements  Console  Sources  Network  Performance  Memory  Application  Security
top  Filter  Default levels
▼{name: "App", selfDefined: "自己定义的属性", data: f, created: f, render: f, …}
  ▸created: f created()
  ▸data: f data()
   name: "App"
  ▸render: f render(_ctx, _cache, $props, $setup, $data, $options)
   selfDefined: "自己定义的属性"
   __emits: null
   __file: "src/App.vue"
   __hmrId: "7ba5bd90"
  ▸__props: []
  ▼__proto__:
    ▸constructor: f Object()
    ▸hasOwnProperty: f hasOwnProperty()
    ▸isPrototypeOf: f isPrototypeOf()
    ▸propertyIsEnumerable: f propertyIsEnumerable()
    ▸toLocaleString: f toLocaleString()
    ▸toString: f toString()
    ▸valueOf: f valueOf()
    ▸__defineGetter__: f __defineGetter__()
    ▸__defineSetter__: f __defineSetter__()
    ▸__lookupGetter__: f __lookupGetter__()
    ▸__lookupSetter__: f __lookupSetter__()
    ▸get __proto__: f __proto__()
    ▸set __proto__: f __proto__()
```

图 5-4　控制台中打印出来的内容

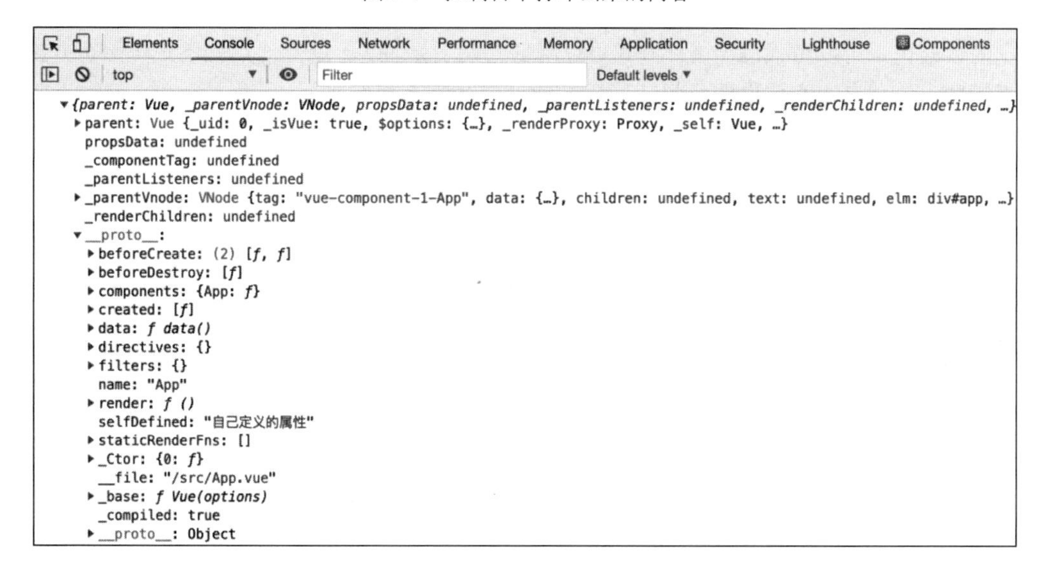

图 5-5　Vue 2.x 中 this.$options 包含的内容

在 Vue 3.x 中，this.$options 精简了很多，并且把原来 2.x 中原型链上的挪到了$options 对象上。

3. 最佳实践

在 Vue 2.x 中，options 包含了以下五类属性：

（1）数据：data、props、propsData、computed、methods、Watch。

（2）DOM：el、template、render、renderError。

（3）生命周期钩子：beforeCreate、created、beforeMount、mounted、beforeUpdate、updated、activated、deactivated、beforeDestroy、destroyed、errorCaptured。

（4）资源：directives、filters、components。

（5）组合：parent、mixins、extends、provide、inject。

在 Vue 3.x 中，options 做了一些精简（比如没有 parent 了），包含如下六类内容：

（1）Data：data、props、computed、methods、watch、emits。

（2）DOM：template、render。

（3）生命周期钩子：beforeCreate、created、beforeMount、mounted、beforeUpdate、updated、activated、deactivated、beforeUnmount、unmounted、errorCaptured、renderTracked、renderTriggered。

（4）选项/资源：directives、components。

（5）组合：mixins、extends、provide/inject、setup。

（6）杂项：name、delimiters、inheritAttrs、自定义的属性（如 selfDefined）。

$options 中几乎包括了 Vue 中所有的选项，但是在实际的开发中 this.$options 的使用场景却很少。目前接触到的一种应用场景就是使用 this.$options 来实现 data 数据的重置。

```
Object.assign(this.$data, this.$options.data.apply(this));
```

官方提供的一种应用场景是自定义一个属性（property)，如下代码所示。这种场景其实用 data 属性中的数据也是可以替代的（这种方式可以降低代码复杂性），规范一点就还是按照官方推荐的自定义属性，这种自定义属性的场景在诸多的项目中并没有接触过。

```
createApp({
   customOption: 'foo',
   created: function () {
      console.log(this.$options.customOption) // => 'foo'}
                         })
```

4. 总结

当需要重置 data 中的值或者需要自定义属性的时候考虑使用 this.$options 方法。

5.5 $parent

$parent 用来获取父组件的实例，在获取到父组件的实例后，就可以获取到父实例中的数据甚至调用其中的方法了。为了保持组件的独立性，一般不建议直接调用父组件方法，这样会导致后期的维护更加复杂，还是提倡通过$emit 来触发事件。

1. 学习目的

测试从子组件中的哪一个生命周期开始可以使用$parent 属性。

2. 实战练习

在 App.vue 中引用 HelloWorld 组件：

```
<template>
  <div id="app">
    <HelloWorld />
```

```
  </div>
</template>
```

HelloWorld 组件中的代码：

```
<template>
  <div class="hello">
    <h4>HelloWorld</h4>
  </div>
</template>

<script>
export default {
  name: "HelloWorld",
  beforeCreate() {
    // 此处不能获取到$parent 中$el 的值
    console.log("this.$parent in beforeCreate", this.$parent);
    console.log("this.$parent.$el in beforeCreate", this.$parent.$el);
  },
  created() {
    // 此处不能获取到$parent 中$el 的值
    console.log("this.$parent in created", this.$parent);
    console.log("this.$parent.$el in created", this.$parent.$el);
  },
  mounted() {
    this.$nextTick(() => {
      // 等 dom 加载好后可以获取$el 的值
      console.log("this.$parent in mounted", this.$parent);
      console.log("this.$parent.$el in mounted", this.$parent.$el);
    });
  },
};
</script>
```

控制台中打印的结果如图 5-6 所示。

从打印的结果可以看出，在子组件任何一个生命周期的钩子中都是可以获取到$parent 实例的，但是实例中的某些属性需要等待父组件的完全加载，例如$el 属性。

3. 最佳实践

使用时需要注意以下几点：

（1）根实例中是没有 this.$parent 的，因为根实例已经没有父实例了。

（2）需要获取父实例的$el 时，最好放在子组件的$nextTick 钩子中。

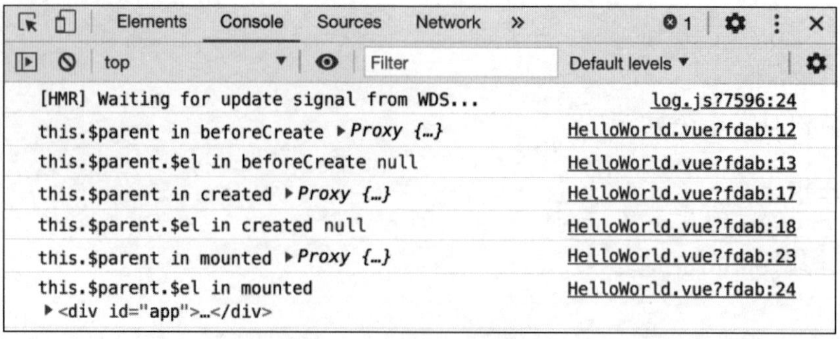

```
Elements  Console  Sources  Network  »   ⊗1
top  Filter  Default levels
[HMR] Waiting for update signal from WDS...        log.js?7596:24
this.$parent in beforeCreate ▸Proxy {…}             HelloWorld.vue?fdab:12
this.$parent.$el in beforeCreate null               HelloWorld.vue?fdab:13
this.$parent in created ▸Proxy {…}                  HelloWorld.vue?fdab:17
this.$parent.$el in created null                    HelloWorld.vue?fdab:18
this.$parent in mounted ▸Proxy {…}                  HelloWorld.vue?fdab:23
this.$parent.$el in mounted                         HelloWorld.vue?fdab:24
 ▸<div id="app">…</div>
```

图 5-6　控制台打印的结果

一般来说，在平时的组件开发过程中是不建议使用$parent 的，因为在一个组件中使用了$parent 会增加与父组件的耦合度，这样组件会因为对父组件形成依赖从而导致复用性大大降低。一旦其他组件引用了这个组件，这个组件的$parent 就变了，很可能$parent 需要的变量或者方法在新的父组件中就不存在了，代码将会出现问题。有一种场景比较适合使用$parent，就是当父子组件配套使用（也就是父子组件是捆绑在一起使用）时，就不存在父组件发生改变的情况。常见的就是 table.vue 和 table-column.vue，table-column 组件只可能在 table 组件中使用，可以使用$parent 来找到 table 组件的实例并获取变量或调用方法。

4. 总结

当子组件强依赖父组件时，可以考虑在子组件中使用$parent 获取父组件的变量或方法。其他情况一般不建议使用$parent。

5.6　$root

$root 用来获取当前 Vue 组件树的根组件的实例。通过这个属性，可以实现一个类似 vuex 的功能，本节将使用$root 来模仿实现一个小型的 vuex，来加深对$root 作用的理解。同时对比一下使用 vuex 和$root 的优劣，对 vuex 加深一下认识。

1. 学习目的

使用 vm.$root 来实现小型应用的状态管理，从而取代大型应用的 vuex。在实战中实现一个计数统计功能。

2. 实战练习

在入口文件 main.js 中模拟 vuex：

```
import { createApp, h } from "vue";
import App from "./App.vue";

let app = createApp({
  data(vm) {
    return {
```

```
      // 模拟出一个小型的 vuex
      vuex: {
        state: {
          number: 1
        },
        mutations: {
          autoIncrease() {
            vm.vuex.state.number++;
          }
        }
      }
    };
  },
  render() {
    return h(App);
  }
}).mount("#app");
```

App.vue 中的代码如下：

```
<template>
  <div id="app">
    <display :number="number"></display>
    <span>app 中展示的 number:</span>
    <number :number="number"></number>
  </div>
</template>

<script>
import number from "./components/number";
import display from "./components/display";
export default {
  name: "App",
  components: {
    number,
    display
  },
  computed: {
    number() {
      return this.$root.vuex.state.number;
    }
  }
};
</script>
```

display.vue 中的代码：

```
<template>
  <div class="display">
    <span>display 中展示的 number:</span>
    <number :number="number"></number>
  </div>
</template>

<script>
import number from "./number";
export default {
  name: "display",
  props: {
    number: Number,
  },
  components: {
    number,
  },
};
</script>
```

number 中的代码：

```
<template>
  <div class="content">
    <h6>
      <span class="number" @click="autoIncrease">{{ number }}</span> <-----
点击数字所有展示 number 的地方自增 1
    </h6>
  </div>
</template>

<script>
export default {
  name: "number",
  props: {
    number: Number
  },
  methods: {
    autoIncrease() {
      this.$root.vuex.mutations.autoIncrease();
    }
  }
};
</script>
```

渲染出来的页面如图 5-7 所示。

点击页面中的任何一个 number，其他 number 也会随之变化，如图 5-8 所示。

图 5-7　渲染出来的页面

图 5-8　页面 number 的改变效果

3. 最佳实践

$root 用来获取 app 的根实例，在正常的项目开发中很少使用。主要的弊端和使用$parent 一样——会提高组件间的耦合度，从而使得组件不能够在其他项目中复用。$root 使用最多的场景是用来取代 vuex。在下列这几个场景下$root 相比 vuex 显得更加快速方便。

（1）当需要快速开发一个小型的项目时，虽然项目很小，但是主管要求很快就完成，因为这种应用市场的需求比较急切，可能只有一个根实例，下面有五六个包含图表的 Vue 子孙组件，但是这些组件可能要修改同一个变量或调用同一个方法。这时可以将这些变量或者方法放到根实例上，然后在子孙组件中通过 this.$root.xxx 来进行访问和调用。比起在一个小型项目中使用 vuex 管理状态，this.$root 快速方便得多。

（2）Demo 项目的开发（例如开发 demo 这种一次性代码的项目）不太考虑后期的维护性，在状态管理的时候同样适合采用$root 来快速完成取代使用 vuex。

在使用$root 取代 vuex 时也要了解它所存在的弊端：

（1）$root 管理状态没有 vuex 配套的可以进行时间穿梭的调试工具。这一点决定了大型项目开发是不能够使用$root 来取代 vuex 的，不然会导致后期维护的难度增加。

（2）$root 没有 vuex 中各种配套的辅助函数，例如 mapState、mapGetters、mapMutations 等就没有模块（Module）这种对状态（State）进行模块化处理的方法，会导致大型项目开发时状态管理变得混乱复杂，同让会带来后续维护困难、bug 难以定位和排查等诸多问题。

4. 总结

$root 很适合在小型、快速、一次性的项目中用来取代 vuex 进行开发。

5.7　$slots

$slots 用来获取插槽中的内容。在需要对子组件展示的同时 DOM 结构也能够在父组件中进行定义的时候，往往需要借助插槽进行实现。插槽在实际的使用和开发中出现的频率很高，所以有必要仔细阅读本节的内容。

1. 学习目的

对比使用 vm.$slots 函数式和在 template 中使用声明式渲染出一个插槽的内容。

2. 实战练习

同时使用声明式插槽和函数式插槽实现一个同样的插槽功能。

App.vue 中的内容如下：

```
<template>
  <div id="app">
    <div>----------声明式插槽的使用-----------</div>
    <Declarative>
      <p>P 标签：我是在 App.vue 定义的默认插槽的内容</p>
      <template v-slot:hi>
        <div>Div 标签：我是在 App.vue 中定义的具名插槽 hi 的内容</div>
      </template>
    </Declarative>
    <div>----------函数式插槽的使用-----------</div>
    <Functional>
      <p>P 标签：我是在 App.vue 定义的默认插槽的内容</p>
      <template v-slot:hi>
        <div>Div 标签：我是在 App.vue 中定义的具名插槽 hi 的内容</div>
      </template>
    </Functional>
  </div>
</template>

<script>
import Declarative from "./components/Declarative.vue";
import Functional from "./components/Functional.vue";
export default {
  name: "App",
  components: {
    Declarative,
    Functional,
  },
};
</script>
```

Declarative 组件的代码如下：

```
<template>
  <div class="hello">
```

```
    <!--默认插槽可以不写 name，实际相当于<slot name="default"></slot>-->
    <slot></slot>
    <slot name="hi"></slot>
  </div>
</template>
<script>
// 声明式插槽的使用样例
export default {
  name: "Declarative",
  props: {
    msg: String
  }
};
</script>
```

functional 组件的代码如下：

```
<script>
import { h } from "vue";
// 函数式插槽的使用样例
export default {
      name: "Functional",
      render() {
            let defaultSlots = this.$slots.default();
            let hiSlots = this.$slots.hi();
            return h("div", [h("p", defaultSlots), h("div", hiSlots)]);
      },
};
</script>
```

最终声明式和函数式的 slot 渲染结果相同，表明使用两种方式的效果相同，如图 5-9 所示。

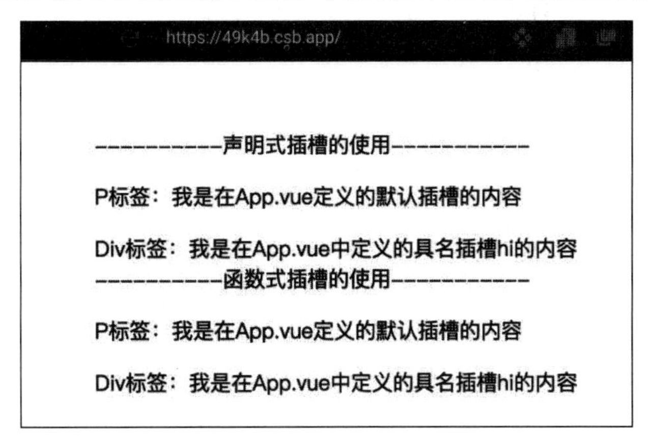

图 5-9　声明式和函数式的 slot 渲染结果相同

3. 最佳实践

在绝大多数情况下，我们开发的 Vue 组件已经是一个完整的模块，开发者可以直接拿来使用（见图 5-10）。但是，在实际的项目开发中可能会存在一种需求，就是需要在开发的组件中预留出一块或几块地方（见图 5-11），让用户能够根据自己的需求向预留的空间中填充内容。这时需要使用到 Vue 中 slot（插槽）的概念。在开发中，如果产品需要组件高度可定制化，那么一定要考虑到插槽。

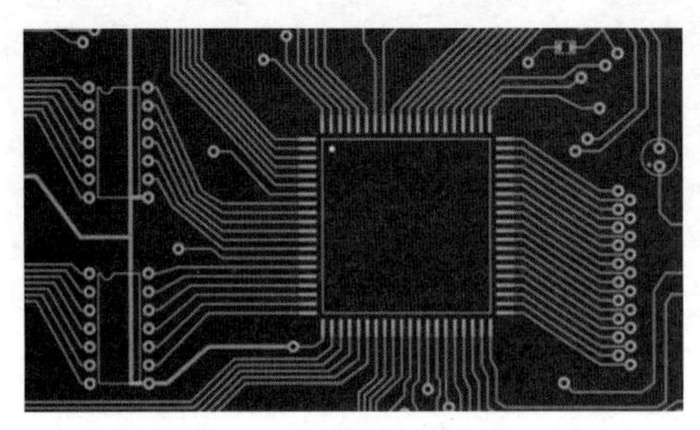

图 5-10　完整的组件

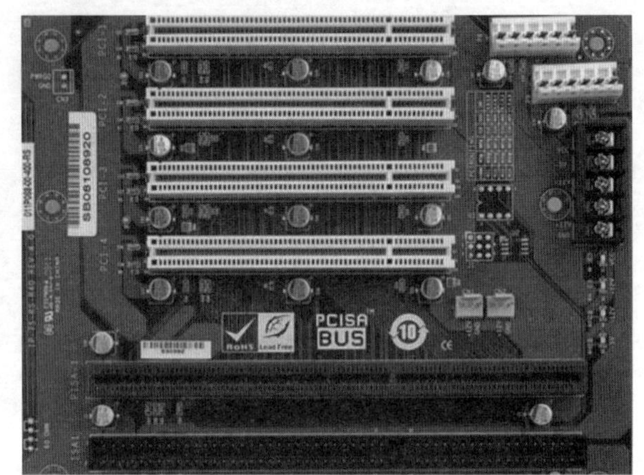

图 5-11　带插槽的组件

4. 总结

当需要组件 DOM 可定制化，也可以认为和 HTML 结构可定制化时（如果需要内容可定制是可以通过 props 传入内容的，无须 slot 插槽，所以内容可定制和 HTML 结构可定制是不同的），可以考虑使用 slot 插槽来完成。

5.8　$refs

在组件中，凡是使用 ref 注册过的地方的 HTML DOM 节点（<div ref="content"></div>）或者 Vue 组件（<HelloWorld ref="hello"/>）都将被挂载到$refs 对象上。

1. 学习目的

（1）对比使用$refs 获取到的普通 HTML 标签节点和用原生 JS 获取到的节点。
（2）打印使用$refs 获取到的自定义组件内容。

2. 实战练习

App.vue 中的代码如下：

```
<template>
  <div id="app">
    <HelloWorld ref="hello" msg="Hello World!" />
```

```
    <div id="content" ref="content">App Content</div>
  </div>
</template>

<script>
import HelloWorld from "./components/HelloWorld";
export default {
  name: "App",
  components: {
    HelloWorld,
  },
  mounted() {
    // 返回了 hello 组件的实例
    console.log("获取到的 hello 组件实例", this.$refs.hello);
    console.log(
      "对比使用$refs 获取到的普通 html 标签节点和用原生 js 获取到的节点",
      this.$refs.content === document.getElementById("content")
    );// 返回 true，对于普通 html 标签，使用$refs 和 getElementById 是一样的
  },
};
</script>
```

控制台中打印的结果如图 5-12 所示。

图 5-12　控制台打印的结果

3. 最佳实践

通过实战可以发现，对于普通 HTML 节点，this.$refs.xxx 和使用原生 DOM API 获取的节点是一样的。在 Vue 中，提倡使用 this.$refs 来取代原生 DOM API 来获取节点。对于 Vue 组件，通过 this.$refs.xxx 获取的是子组件的实例，如果是在父组件中获取某个具体的子组件进行操作，还是推荐使用 this.$refs。

4. 总结

无论是获取普通 HTML 节点，还是获取子组件实例，都推荐使用 vm.$refs 取代其他可行性方法。

5.9 $attrs

$attrs 是从父组件传入到子组件但却没有在子组件中定义的 props 或者事件，一旦使用到$attrs 往往都是进行批量属性的获取或者传递。

1. 学习目的

（1）测试哪些使用 v-bind 绑定的属性、class/style、正常属性、事件会出现在$attrs 中。

（2）测试使用 v-bind="$attrs"进行多个值的快速传递。

2. 实战练习

入口文件 App.vue 中的代码：

```
<template>
  <div id="app">
    <parent
      :msg="msg"
      :bindValue="bindValue"
      noBindValue="没有使用 v-bind 绑定的值"
      :class="['bind-class']"
      class="no-bind-class"
      :style="{ color: 'red' }"
      style="border: 1px solid #000"
      @click="parentClick()"
    ></parent>
  </div>
</template>

<script>
import Parent from "./components/Parent";
export default {
  name: "App",
  components: {
    Parent,
  },
  data() {
    return {
      msg: "消息内容",
      bindValue: "使用 v-bind 绑定的值",
    };
  },
```

```
  methods: {
    parentClick() {
      alert("from parent click");
    },
  },
};
</script>
```

Parent.vue 中的代码：

```
<template>
  <div class="parent">
    <h4>内容：来自父组件</h4>
    <child v-bind="$attrs"></child>
  </div>
</template>

<script>
import Child from "./Child";
export default {
  name: "Parent",
  components: {
    Child
  },
  props: {
    msg: String
  },
  mounted() {
    console.log("Parent 组件中打印$attrs", this.$attrs);
  }
};
</script>
```

Child.vue 中的代码：

```
<template>
  <div class="child">
    <h4>内容：来自子组件</h4>
    <grand-child v-bind="$attrs"></grand-child>
    <grand-child :bindValue="$attrs.bindValue" :noBindValue=
"$attrs.noBindValue"></grand-child>
  </div>
</template>
```

```
<script>
import GrandChild from "./GrandChild";
export default {
  name: "Child",
  components: {
    GrandChild
  },
  props: {
    msg: String
  },
  mounted() {
    console.log("Child 组件中打印$attrs", this.$attrs);
  }
};
</script>
```

GrandChild 中的代码：

```
<template>
  <div class="grand-child">
    <h4>内容：来自孙组件</h4>
    {{bindValue}}
    {{noBindValue}}
  </div>
</template>

<script>
export default {
  name: "GrandChild",
  props: {
    bindValue: String,
    noBindValue: String
  },
  mounted() {
    console.log("GrandChild 组件中打印$attrs", this.$attrs);
  }
};
</script>
```

控制台打印结果如图 5-13 所示。

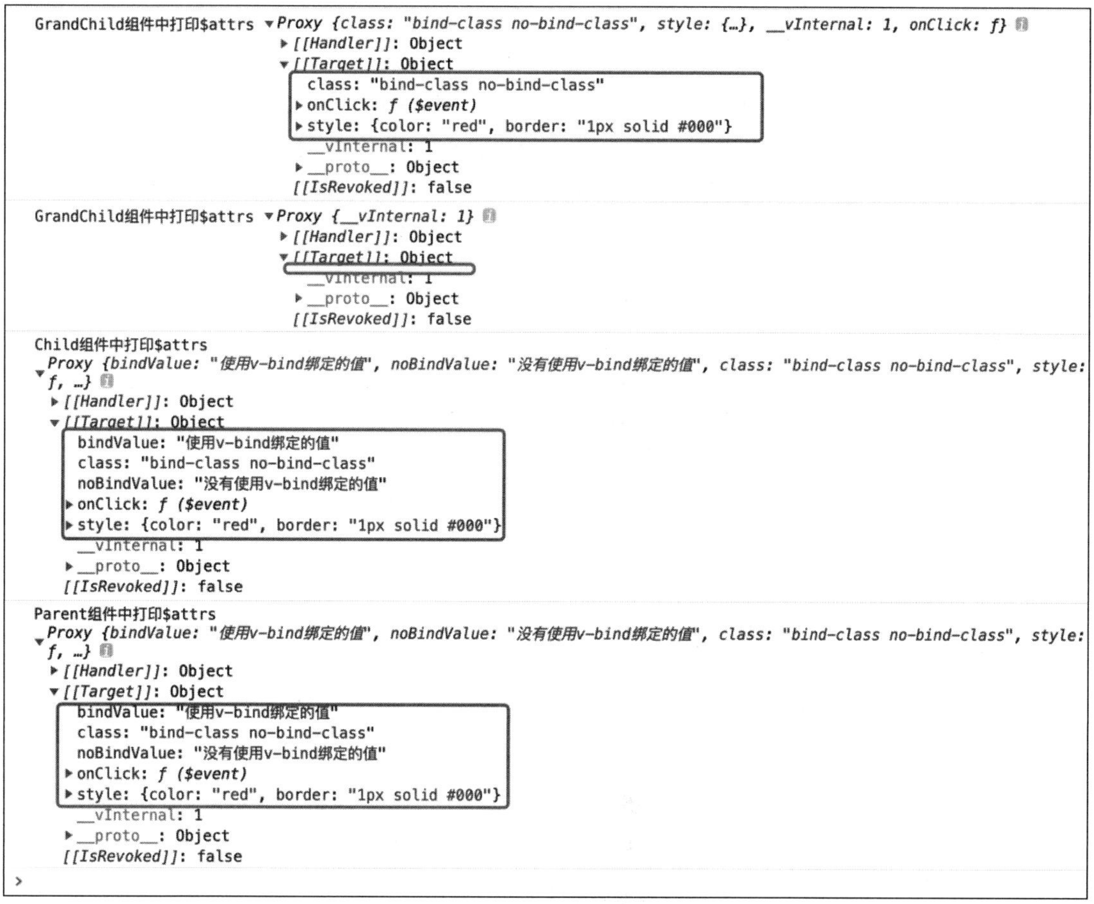

```
GrandChild组件中打印$attrs ▼Proxy {class: "bind-class no-bind-class", style: {…}, __vInternal: 1, onClick: f}
                           ▶[[Handler]]: Object
                           ▼[[Target]]: Object
                              class: "bind-class no-bind-class"
                             ▶onClick: f ($event)
                             ▶style: {color: "red", border: "1px solid #000"}
                              __vInternal: 1
                             ▶__proto__: Object
                            [[IsRevoked]]: false
GrandChild组件中打印$attrs ▼Proxy {__vInternal: 1}
                           ▶[[Handler]]: Object
                           ▼[[Target]]: Object
                              __vInternal: 1
                             ▶__proto__: Object
                            [[IsRevoked]]: false
Child组件中打印$attrs
▼Proxy {bindValue: "使用v-bind绑定的值", noBindValue: "没有使用v-bind绑定的值", class: "bind-class no-bind-class", style:
 f, …}
  ▶[[Handler]]: Object
  ▼[[Target]]: Object
     bindValue: "使用v-bind绑定的值"
     class: "bind-class no-bind-class"
     noBindValue: "没有使用v-bind绑定的值"
    ▶onClick: f ($event)
    ▶style: {color: "red", border: "1px solid #000"}
     __vInternal: 1
    ▶__proto__: Object
   [[IsRevoked]]: false
Parent组件中打印$attrs
▼Proxy {bindValue: "使用v-bind绑定的值", noBindValue: "没有使用v-bind绑定的值", class: "bind-class no-bind-class", style:
 f, …}
  ▶[[Handler]]: Object
  ▼[[Target]]: Object
     bindValue: "使用v-bind绑定的值"
     class: "bind-class no-bind-class"
     noBindValue: "没有使用v-bind绑定的值"
    ▶onClick: f ($event)
    ▶style: {color: "red", border: "1px solid #000"}
     __vInternal: 1
    ▶__proto__: Object
   [[IsRevoked]]: false
>
```

图 5-13　控制台打印结果

通过实战可以得出如下的结论：

（1）测试哪些使用 v-bind 绑定的属性、class/style、正常属性会出现在$attrs。

① class 和 style 无论是否采用 v-bind 绑定都不会出现在子组件的 this.$attrs 中。这两个属性是例外。

② 只要子组件中没有定义相应的 props，那么所有属性都将出现在子组件的 this.$attrs 中。例如，案例中的 bindValue 使用 v-bind 绑定了，但是因为 Child.vue 子组件中没有定义相应的 props，就出现在了 this.$attrs 中。

（2）测试使用 v-bind="$attrs"进行多个值的快速传递。

能够成功传递多个值，并且在到达目标组件时被 props 识别并解析出来。

（3）测试事件是否会出现在$attrs 中。

在 Vue 3.x 中，将原有的 Vue 2.x 中的$attrs 和$listeners 都合并到了$attrs 中，所以通过组件传递的事件在$attrs 中同样也可以获取到，并且在 Vue 3.x 中废除了@event.native 的写法，将'.native'修饰符废除了。

3. 最佳实践

除 class 和 style 这两个特殊的属性之外，其他属性只要在子组件中没有定义相应的 props，无论是否采用 v-bind 传递的都将出现在子组件的 this.$attrs 中。定义的事件同样也会出现在$attrs 中。

在实际的开发过程中用得最多的与$attrs 有关的就是与 v-bind 结合进行多值的父传子、子传孙的传递。实战案例使用$attrs 在 Child.vue 中的前后对比如下：

不使用$attrs 传值：

```
<grand-child
    :bindValue="$attrs.bindValue"
    :noBindValue="$attrs.noBindValue">
</grand-child>
```

使用$attrs 传值：

```
<grand-child v-bind="$attrs"></grand-child>
```

从上面的对比可以看出，使用 v-bind=$attrs 方便快捷，无须对$attrs 解析出来再向下传递，无须了解$attrs 中属性的业务，而是全部传递给 grand-child 进行处理。这样做的好处是不会污染当前 child.vue 组件，因为即使 child 组件的父组件没有传入任何的$attrs，child 组件也可以正常运行，这样 child 组件就可以在其他组件中被正常使用了，不会依赖某个特定的父组件。

值/事件需要传递多层组件才能到达目标组件，这是一个老生常谈的问题。表 5-1 对几种方案做了一个简单的对比。

表 5-1 值/事件传递多层组件到达目标组件的解决方案

技 术 方 案	优缺点分析	跨组件共享状态在代码中常见程度（满分 10 分）
vuex	**优点：** （1）有配套调试工具，调试和维护方便 （2）可以实现全局跨组件的状态共享，无须通过组件层层传递 **缺点：** （1）太小的项目使用劳民伤财 （2）只有几个组件使用到的共享状态不适合放在 Vuex 中	9
provide/inject（4.5.3 节中有详细介绍）	**优点：** （1）避免了污染源头组件和目标组件之间的组件 （2）适合一次性的值（后面不会对传递给目标组件的值进行修改）跨组件传递的行为	4

（续表）

技 术 方 案	优缺点分析	跨组件共享状态在代码中常见程度（满分 10 分）
provide/inject（4.5.3 节中有详细介绍）	缺点： （1）注入的值为一次性行为，后面再修改 Provide 提供的值时 inject 注入的地方是没有任何变化的，不会双向绑定（在 4.5.3 小节中讲述了可以通过对象的方法实现双向绑定，但是不建议这么使用，provide/inject 的一次性注入行为是 Vue 有意为之，最好不要反其道行之） （2）会增加源组件和目标组件之间的依赖，降低目标组件的可复用性	4
$parent/$refs（5.5 节和 5.8 节中详细介绍）	优点： 能够获取到父组件或子组件的实例，操作父组件或子组件中的方法或变量如同操作自身组件的方法或变量一样方便 缺点： 使得当前组件对父组件或者子组件形成强烈依赖。一旦脱离了父组件或者子组件就不能够复用，大大降低了当前组件的可复用性	2
mixins（4.5.1 小节中详细介绍）/extends（4.5.2 小节中详细介绍）	优点： （1）只在需要的组件中引入，不会对未使用的组件产生影响，也就不会影响源组件与目标组件之间的组件 （2）适合局部几个组件的数据共享 缺点： 降低组件的可复用性，对 mixin.js 混入文件形成依赖，不利于组件的迁移	6
v-bind="$attrs"	优点： （1）适合局部几个组件的数据共享 （2）从源组件透过中间组件传递到目标组件，v-bind="$attrs"对中间组件的可复用性影响较小 （3）组件的二次封装 缺点： （1）不适合太多层组件的层层传递，不然中间每一层都要加 v-bind="$attrs" （2）不适合数据的全局共享，因为数据只在传递值的几个组件之间流动，其他组件无法获取	2
EventBus	优点： 可以在两个毫不相干的组件之间建立联系，传递值；不需要父子组件子类的链式关系 缺点： 会降低组件的可复用性	2

第二种场景就是进行开源组件的二次封装。当一些开源组件不能满足当前业务时需要进行二次封装，例如对 Element UI 组件 el-button 的二次封装、添加原来组件没有的功能（对 el-button 的 loading 添加 debounceTime 的缓冲）。

```
// 对 el-button 的 loading 添加 debounceTime 的缓冲
<el-button
    v-bind="$attrs"
    :loading="loading"
    @click="myClick">
</el-button>
<script>
export default {
    name: 'selfButton',
    props: {
        debounceTime: { type: Number }
    },
    data() {
        return {
            timer: null,
            loading: false
        }
    },
    methods: {
        myClick() {
            if (!this.debounceTime)
            return this.loading = true;

            clearTimeout(this.timer);
            this.timer = setTimeout( () => {
                    this.loading = false
                },
                this.debounceTime
            )
        }
    }
} </script>
```

4. 总结

当有多个值/事件需要层层传递到目标组件时，建议放到$attrs 中，使用 v-bind="$attrs"来进行快速透传。

第 6 章 实例方法

属性与方法往往是配套出现的。本章介绍的实例方法包括$watch、$emit、$forceUpdate 和$nextTick，其中$watch 主要是用来对变量进行监听，在变量发生变化后做出相应的响应；watch 一般是选项式 API，以实例方法的身份出现相对要少一些。$emit 可以说是连接父与子的桥梁，子组件对于父组件中发出的通知往往都是通过$emit 完成的，所以说只要看到自定义事件的地方往往都能够看到$emit 的身影。$forceUpdate 是 Vue 2.x 时代一些新手的座上宾，但是到了 Vue 3.x 时代，因为 Vue 中引入了 Proxy，解决了很多之前没有解决的双向绑定问题，其被使用的频率则更低，但在一些特殊的场景下还会被使用到。$nextTick 主要是用来等待当前实例的 DOM 渲染完成后对 DOM 完成一系列的操作，操作 DOM 时，大概率会使用$nextTick。

6.1 $watch

$watch 用来监听值的变化来触发相应的回调函数。$watch 和 watch 还是有所区别的：watch 需要预先设置好，不可以动态添加；$watch 可以动态添加，在使用完毕后还可以动态移除，使用起来的灵活性更高。

1. 学习目的

添加一个一次性的 watch，并在使用完成后移除。

2. 实战练习

```
<template>
  <div id="app">{{ msg }}</div>
</template>
<script>
export default {
  name: "App",
  data() {
    return {
```

```
      number: 1,
      msg: "",
    };
  },
  mounted() {
    let unwatch = this.$watch("number", function (newVal, oldVal) {
      this.msg = `number 为${this.number}时，触发 watch`;
      unwatch();
    });
    setTimeout(() => {
      // 修改 number 触发 watch
      this.number++;
    }, 500);
    setTimeout(() => {
      // 此次修改应该无法再触发 watch 了，因为 watch 已经被移除
      // 实际结果证明，此次 number 的变化确实没有再触发 watch
      this.number++;
    }, 2000);
  },
};
</script>
```

页面展示的结果如图 6-1 所示。

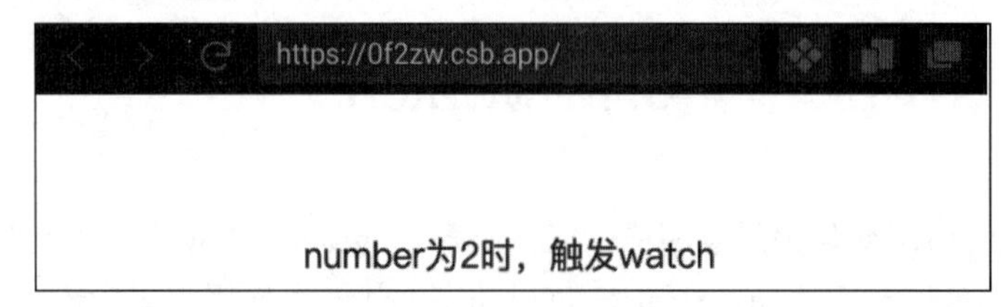

图 6-1　页面展示的结果

可见在2秒后修改number并没有再次触发watch时间，因为在500毫秒的时候watch被移除了。

3. 最佳实践

vm.$watch 和 4.1.5 小节中介绍的用法一样，可以简单理解为一个是编程式的、一个是声明式的，绝大多数情况下使用 4.1.5 小节中声明式的 watch 就可以了。如果要深究编程式的$watch 有哪些应用场景，那么如下两种特殊场景（在多个项目中也是鲜见使用的）可能只有编程式的$watch 才可以满足。

（1）需要一个能取消的 watch 时

也就是当监听操作是一次性的时候，就需要使用 this.$watch 来动态进行 watch 后的 unwatch。

（2）需要动态添加一个当前组件或者全局组件 watch 时

因为声明式的 watch 提前就写死了，所以没用办法动态地添加和删除，需要动态地添加和删除 watch 就只能使用编程式的方式。

4. 总结

需要 watch 能够被动态地添加和移除时，需要考虑到$watch。

6.2 $emit

$emit 和$on、$off、$once 都属于 EventBus 中出现的几个概念，主要用来触发事件。emit 被引用到了 Vue 中，同样是用来进行事件的触发。其他几个概念起初在 Vue 2.x 中也还是有的，但是到了 Vue 3.x 中被逐渐移除了。

1. 学习目的

（1）了解什么是 EventBus。

（2）在 Vue 2.x 中，伴随$emit 出现的还有$on、$off、$once。在 Vue 3.x 中已经将$on、$off、$once 移除掉了。这里结合四者通过整体来了解个体$emit 发挥的作用。

2. 实战练习

（1）实现一个简单的 EventBus。EventBus 主要是用来完成发布和订阅的一种框架，通过下面一段非常简单的 EventBus 的实现代码便能够有所了解。实际上 EventBus 就是对事件的一个订阅、触发和删除的过程。原理上就是 on/off/once/emit。

```
class EventBus {
    constructor() { this.subscribers = [];}
    on(eventName, fn) {
        this.subscribers.push({eventName, fn})
    }
    once(eventName ,fn) {
        let onceFn = (value) => {
            fn(value);
            this.off(eventName);
        }
        this.subscribers.push({
            eventName,
            fn: onceFn
        });
    }
    off(eventName) {
        this.subscribers.forEach((item, index) => {
            if(item.eventName === eventName) {
```

```
                this.subscribers.splice(index,1);
            }
        });
    }
    emit(eventName, value) {
        this.subscribers.forEach((item, index) => {
            if(item.eventName === eventName) {
                item.fn(value);
            }
        });
    }
}
```

（2）使用 Vue 2 将$on、$once、$off、$emit 串联起来使用一次，以了解它们的作用。

```
<script>
export default {
  name: "App",
  mounted() {
    // 通过 on 注册一个事件
    this.$on("on-event", function (msg) {
      console.log("on-event", msg);
    });
    // 通过 once 注册一个事件
    this.$once("once-event", function (msg) {
      console.log("once-event", msg);
    });
    // 以下两次调用均触发
    this.$emit("on-event", "hi");
    this.$emit("on-event", "hi");
    // 以下两次调用只触发一次，因为 once 的事件被调用完成之后会被移除
    this.$emit("once-event", "hello");
    this.$emit("once-event", "hello");
    // 通过 off 移除一个事件
    this.$off("on-event");
    // 移除 on-event 事件后，不能够再次被 emit 触发
    this.$emit("on-event", "after off");
  },
};
</script>
```

执行的结果如图 6-2 所示。

通过打印出来的内容可以看出这四个概念和我们上面实现的 EventBus 基本上就是一个概念。

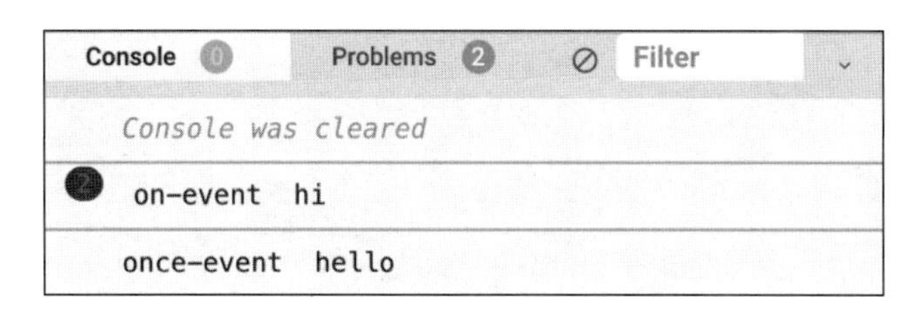

图 6-2 执行的结果

3. 最佳实践

到了 Vue 3.x，on、off、once 使用的频率很低，去掉后可以轻量化 Vue 源码。如果还需要使用，就引用第三方库 mitt。实际上，平时使用最多的是在子组件中使用 this.$emit 来触发组件的事件，通过@click="event"（实际原理就是 this.$on 来添加监听的事件）来触发在父组件中写好的 event。所以，虽然$on 被移除了，但是@click 还是$on 的实现，还在使用。

4. 总结

$emit 实际是 EventBus 中的一环，了解其工作原理即可。

6.3 $forceUpdate

$forceUpdate 用来强制 DOM 的刷新，在 Vue 2.x 时代被新人较多地使用。也正是因为有了像$forceUpdate 这样的方法才使得 Vue 更容易被新人接受，降低了学习门槛。很多数据更新后页面未能及时更新的问题都可以通过$forceUpdate 来解决。但是它的方便性也带来了很多项目潜在的问题，数据更新而页面未更新的背后存在很多潜在问题，如果都通过$forceUpdate 来解决就会带来很多隐患。在 Vue 3.x 中，Vue 从自身框架层面解决了可能导致新手出现的一些隐患问题，所以在 Vue 3.x 中 forceUpdate 使用较少。

1. 学习目的

在 Vue 2 中使用$forceUpdate 强制更新一个页面。

2. 实战练习

使用 Vue 2.x 版本展示$forceUpdate 的作用。

App.vue 中的代码如下：

```
<template>
  <div id="app">{{ obj }}</div>
</template>

<script>
export default {
  name: "App",
  data() {
```

```
    return {
      obj: {
        name: "jackieyin",
      },
    };
  },
  mounted() {
    this.obj.like = "film";
    this.$forceUpdate();
  },
};
</script>
```

页面显示如图 6-3 所示。

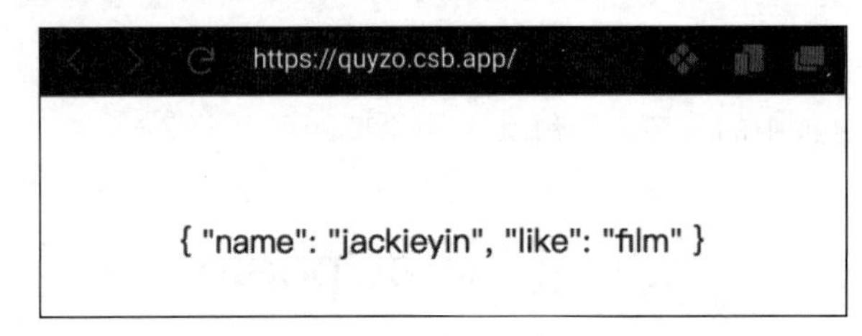

图 6-3 页面显示

在上述代码中，如果不使用$forceUpdate，那么新添加的属性 like="film"是无法反映到页面上的。

之所以使用 Vue 2.x 来展示$forceUpdate 的使用，是因为$forceUpdate 在很大程度上就是解决 Vue 2.x 中对象和数组使用不当而带来页面无法双向绑定的情况的。在 Vue 2.x 中，数组和对象的下列操作是无法感知的。

（1）对于对象，Vue 无法检测 property 的添加或移除。

```
var vm = new Vue({
  data:{
    a:1
  }
})
// b 为动态添加的属性，无法双向绑定，这和实战展示的是一个道理
vm.b = 2
```

（2）对于数组，无法通过索引设置数组实现双向绑定。

```
var vm = new Vue({
  data:{
    a:[0]
  }
})
```

```
// 通过索引添加的值无法实现双向绑定
vm.a[1] = 1;
```

（3）对于数组，无法通过修改数组的长度实现双向绑定。

```
var vm = new Vue({
  data:{
    a:[0, 1, 2]
  }
})
// 通过直接修改长度无法实现数组的双向绑定
vm.a.length = 1;
```

可以说，正是因为 Vue 2.x 时代没有 Proxy 代理，所以存在上述问题。很多新人恰恰因为学 Vue 时没有了解到这些细节而在操作对象或数组时无法双向绑定到页面，所以 Vue 作者提供了$forceUpdate 来解决页面无响应的问题。

到了 3.x 时代，使用 Proxy 代理替代了 2.x 时代的 Object.defineProperty，使得上述问题都不复存在，也就使得$forceUpdate 在 3.x 时代的可用武之地更少。

3. 最佳实践

$forceUpdate 的工作原理是强制当前页面中的组件重新渲染一遍，这样没有能够成功双向绑定到页面的数据就被渲染到页面上了。

Vue 官方中提及到，当你需要使用$forceUpdate 的时候 99.9%是哪做错了，所以$forceUpdate 基本在实际开发中是使用不到的。官方文档因为其权威性质只敢说 99.9%，实际上当你需要使用$forceUpdate 时，可以说很大程度上就是代码存在问题。$forceUpdate 的出现是为了降低 Vue 的使用门槛，让初学者很好入门。因为有时修改数据没有触发双向绑定，页面呈现的还是旧数据，调用$forceUpdate 就会发现数据奇迹般地双向绑定到页面上了。这样会让你觉得 Vue 简单好学，从而爱上这个框架。$forceUpdate 往往是治标不治本，当修改的数据并不能够同步到页面上时，在 Vue 2.x 时代往往是因为使用错误的方法操作了数组或者对象，不会触发双向绑定。例如，没有使用变异方法操作数组，这时页面就不会发生变化。在 3.x 时代，这些问题都没有了，所以在代码中使用$forceUpdate 时要好好检查是否是代码的问题，确认问题后再确定是否用$forceUpdate。

在实际的开发中，$forceUpdate 基本不会使用。如果接管了一个漏洞百出的项目，某些数据没有办法双向绑定到页面，一时间难以排查问题，就可以使用$forceUpdate 作为缓兵之计，等有充足的时间了再去查找问题的根本原因。

4. 总结

在实际开发中，不到万不得已不要使用$forceUpdate。如果一出问题就用$forceUpdate，那么项目潜藏的问题将会越来越多，最后难以维系。

6.4 $nextTick

$nextTick 用来保证回调函数在 DOM 更新完成后再执行，保证回调函数中有关 DOM 相关的操作捕获出现节点获取不到而报错的情况。$nextTick 的作用和 setTimeout 有些相似，但是又有所区别，本节将对比使用以查看效果。

1. 学习目的

（1）创建一个没有使用 nextTick 而出错的例子。

（2）同时使用 nextTick 和 setTimeout 来查看差异。

2. 实战练习

（1）没有使用 nextTick 而出错的例子。

```
<template>
  <div id="app">
    <span ref="msg">{{ msg }}</span>
    <input type="button" @click="changeMsg" value="点击修改 msg 值" />
  </div>
</template>

<script>
export default {
  name: "App",
  data() {
    return {
      msg: "first", // 初始值为"first"
    };
  },
  methods: {
    changeMsg() {
      this.msg = "four";
      // 此处打印的值为"first"
      console.log(this.$refs.msg.textContent);
      this.$nextTick(function () {
        // 此处打印的值为"four"
        console.log(this.$refs.msg.textContent);
      });
    },
  },
};
</script>
```

当单击按钮修改后，控制台中打印的信息如图 6-4 所示。

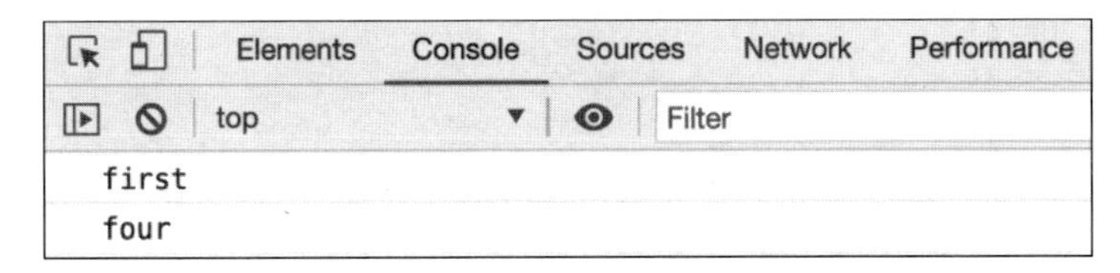

图 6-4　单击按钮修改后控制台中打印的信息

从上述案例可以看出，当修改值之后，如果立刻通过 this.$refs.msg 获取 dom 元素中的值就会出错（是修改之前的值），需要在$nextTick 中获取。

（2）同时使用 nextTick 和 setTimeout 来查看差异。

```
<template>
  <div id="app">
    <span ref="msg">{{ msg }}</span>
    <input type="button" @click="changeMsg" value="点击修改 msg 值" />
  </div>
</template>

<script>
export default {
  name: "App",
  data() {
    return {
      msg: "first", // 初始值为"first"
    };
  },
  mounted() {
    var that = this;
    setTimeout(function () {
      // 可以注释掉下方 nextTick 单独放开 setTimeout 进行测试
      that.msg = "second";
    }, 0);
    that.$nextTick(function () {
      // 可以注释掉上方 setTimeout 单独放开 nextTick 进行测试
      that.msg = "three";
    });
  },
};
</script>
```

分别使用上述 setTimout 中的代码和 nextTick 中的代码来对比修改 msg 的值，每次单击刷新浏览器按钮其实还是可以注意到细微差别的——使用 setTimeout 时会先出现初始值"first"，然后才是修改后的值"second"，这个速度也是很快的，基本上只能看到一下闪动，但是使用 this.$nextTick 时直接是修改后的值"three"。

3. 最佳实践

Vue 的双向绑定并不是数据修改后立刻就可以反映到页面上，而是有一个异步队列更新 DOM 的策略，等待异步更新 DOM 完成后 Vue 会调用 nextTick，这就是为什么对于 DOM 更新后的操作需要放在 nextTick 中完成的原因。setTimeout(function(){},0)虽然可以达到同样的效果，为什么不建议用呢？虽然写了 0 秒后执行 setTimeout 中的 function，但是实际上浏览器还是会有 4 毫秒左右的延迟，页面加载出来的是原来的数据，闪现一下出现 setTimeout 重新设置后的数据，如实战案例中提及的那样。nextTick 的内部实现原理是逐个查看浏览器是否支持特性，使用优先级最高的来实现 nextTick。如果浏览器不支持当前技术，则降一级选择技术实现，以此类推，setTimeout 是兜底方案。Promise.then>MutationObserver>setImmediate>setTimeout。这就是建议使用 nextTick 而不是使用 setTimeout 来实现的原因，因为 nextTick 会优先挑选更加高效的方法来实现当前功能。

4. 总结

需要在数据变更后获取 dom，建议使用 nextTick，尽量不使用 setTimeout 来替代 nextTick。

第7章

指　　令

有了指令，对于 Vue 新人来讲，使用 Vue 的门槛又低了一些。Vue 的这些指令可以说通过 Vue 本身也可以实现，但是 Vue 总结出了大家常用的一些指令，并且已经把功能都实现了，能拿来就用，提高开发效率。这些指令中可能除了 v-cloak 早期就存在外现在基本不被使用，保留是为了能够兼容早期代码还没有被弃用之外。其他的指令都需要有所掌握，除了掌握这些指令的用法之外，还应该能够使用 2.3 节中的自定义指令来实现，这样才能够更加深入地了解这些指令，在实际开发使用中才能够更加游刃有余。像 v-if、v-show 这种功能相近的指令，更要能够了解其本质区别。这些指令间的区别和优缺点都将在下面的章节中进行逐一分析。

7.1　v-text

v-text 用来替代元素中的内容，使用后会类似执行 JavaScript 中的 someOtherNode.textContent = vTextString。通过 v-text 绑定的内容，在内容更新后也会双向绑定自动更新到页面上。

1. 学习目的

了解 v-text 与{{}}的差别。

2. 实战练习

使用 v-text 和{{}}的方式如下：

```
<template>
  <div id="app">
    <p>{{ msg }}</p>
    <p v-text="msg"></p>
  </div>
</template>

<script>
export default {
```

```
  name: "App",
  data() {
    return {
      msg: "helloworld",
    };
  },
};
</script>
```

渲染出来的结果如图 7-1 所示。

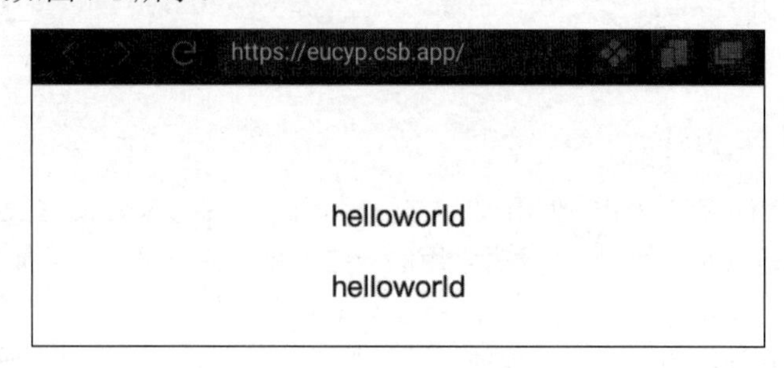

图 7-1　渲染出来的结果

3. 最佳实践

v-text 和{{}}在功能上都可以达到同样的效果，但是在实际的开发中基本上都是使用{{}},鲜有看到使用 v-text 的场景，因为{{}}比 v-text 存在以下两个明显的优势：

- {{}}比 v-text 代码量少，更加简洁。
- {{}}表达时更加灵活、直观。例如，直接使用{{}}表达“<p>{{msg}}其他内容</p>”，如果用 v-text 表示<p v-text="`${msg}其他内容`"></p>就显得啰唆和麻烦。

在 Vue 的初级版本中<p>{{msg}}</p>页面会闪现一下'{{msg}}'字样，而后才会将{{msg}}替换为实际的内容，直接使用<p v-text="msg"></p>则不会出现这样的问题，所以在早期的项目中有使用 v-text。为了兼容旧版的代码，Vue 在现在的文档中也保留了这样的一个 API。

4. 总结

在实际的开发过程中 v-text 的使用比较罕见，几乎都是使用{{}}模板字符的方法来渲染变量。

7.2 v-html

v-html 和 v-text 类似，但是从名字上可以看出一些差别：v-text 中绑定的是文本，而 v-html 中绑定的是 HTML 字符，能够被渲染成为相应的 dom 节点。

1. 学习目的

了解 v-html、v-text、{{}}三者的区别。

2. 实战练习

使用 v-html、v-text、{{}}三者进行对比：

```
<template>
  <div id="app">
    <p>{{ msg }}</p>
    <p v-text="msg"></p>
    <p v-html="msg"></p>
    <p v-html="xss"></p>
  </div>
</template>
<script>
export default {
  name: "App",
  data() {
    return {
      msg: `<p style="color: red">你好</div>`,
      xss: `<a href="javascript:;" onclick="alert('xss');">点我</a>`,
    };
  },
};
</script>
```

页面显示如图 7-2 所示。

图 7-2　页面显示

单击“点我”按钮将会出现提示框，如图 7-3 所示。

图 7-3　提示框

使用 v-html 嵌入的代码容易导致 XSS 的问题，所以谨慎使用为好。

3. 最佳实践

当有 HTML 结构的内容需要渲染时，需要考虑使用 v-html 来进行渲染，但是使用 v-html 渲染内容时，注意其渲染的内容不是第三方写入的（比如用户），因为第三方写入存在一定的安全风险。

4. 总结

当有 HTML 结构的内容需要渲染时，需要使用 v-html 进行渲染，但是需要注意安全问题。

7.3 v-show

v-show 用于控制节点和组件是否展示，其原理比较简单，就是在当前的节点或者组件上添加一个 CSS（display: none）样式。v-show 总会被拿来和 v-if 做对比，所以这一节很有必要和 7.4 节 v-if 一起查看，了解两者的异同点，以加深记忆和理解。

1. 学习目的

了解 v-show 的工作原理。

2. 实战练习

v-show 使用的代码如下：

```
<template>
  <div id="app">
    <div v-show="needShow">HelloWorld</div>
  </div>
</template>
<script>
export default {
  data() {
    return {
      needShow: true
    };
  }
};
</script>
```

当 needShow 为 true 时，渲染出来的 dom 结构如下：

```
▼<body>
  ▼<div id="app">
     <div>HelloWorld</div> == $0
   </div>
 </body>
```

当 needShow 为 false 时，渲染出来的 dom 结构如下：

```
▼<body>
  ▼<div id="app">
      <div style="display: none;">HelloWorld</div>
    </div>
  </body>
```

v-show 为 false 其实就是添加了一个 display: none 的样式。

3. 最佳实践

从上述实战分析可以看出 v-show 的工作原理其实就是在渲染出来的节点上加不加 display:none 的问题，在需要显示或隐藏元素时考虑使用 v-show。

v-if（具体见 7.4 节）同样也可以达到显示和隐藏的效果，区别在于 v-if 每次都会将整个组件实例销毁掉，页面中的组件 DOM 也将移除掉。相比于 v-show 对于组件的隐藏，v-if 更像是组件的删除。所以，如果当前节点需要频繁进行显示和隐藏的切换，那么一定要使用 v-show，因为其只需要来回调整 display 属性就可以了，而 v-if 则会不停地删除再创建，相比 v-show 非常消耗性能。所以 v-if 更加适合当前节点需要删除的情况，这样销毁了组件实例和 DOM 反而比 v-show 更好地释放了无效的资源。

4. 总结

组件需要频繁地进行显示和隐藏切换的时候，使用 v-show。组件隐藏后基本不需要再显示时，可以使用 v-if。

以下内容为 Evan You 的原文引用：

```
    v-show always compiles and renders everything - it simply adds the "display:
none" style to the element. It has a higher initial load cost, but toggling is
very cheap.
    Incomparison, v-if is truely conditional: it is lazy, so if its initial
condition is false, it won't even do anything. This can be good for initial load
time. When the condition is true, v-if will then compile and render its content.
Toggling a v-if block actually tearsdown everything inside it, e.g. Components
inside v-if are acually destroyed and re-created when toggled, so toggling a huge
v-if block can be more expensive than v-show.
```

7.4 v-if

v-if 同样也是用来控制节点或者组件是否展示的，但是威力比 v-show 大得多。v-show 只是简单地将一个节点或组件隐藏了，而 v-if 则是将组件销毁后进行重建。本节将通过 v-if 来对组件进行销毁和重建，查看组件中都有哪些改变。

1. 学习目的

v-if="false"实例以及 DOM 发生了哪些变化。

2. 实战练习

app.vue 代码如下：

```
<div id="app" ref="app">
    <div v-if="needShow">干哈呢!</div>
    <HelloWorld ref="hello" v-if="needShow">
    </HelloWorld>
  </div>
<script>
import HelloWorld from "./components/HelloWorld";
export default {
  name: "App",
  components: {
    HelloWorld
  },
  data() {
    return {
      needShow: true
    };
  },
  mounted() {
    console.log(this.$refs.hello);
    setTimeout(() => {
      // 用于查看 v-if="false"触发子组件哪些生命周期钩子
      this.needShow = false;
    }, 2000);
  }
};
</script>
```

helloworld 源码：

```
<template>
  <div class="hello">HelloWorld Component</div>
</template>
<script>
export default {
  name: "HelloWorld",
  beforeCreate() {
    console.log("beforeCreate");
  },
  created() {
    console.log("created");
  },
```

```
  beforeMount() {
    console.log("beforeMount");
  },
  mounted() {
    console.log("mounted");
  },
  beforeUpdate() {
    console.log("beforeUpdate");
  },
  updated() {
    console.log("updated");
  },
  beforeUnmount() {
    console.log("beforeUnmount");
  },
  unmounted() {
    console.log("unmounted");
  },
};
</script>
```

当 needShow 的值为 true 的时候：

- Dom 结构如下：

```
▼<body>
  ▼<div id="app">
      <div>干哈呢!</div> == $0
      <div class="hello">HelloWorld Component</div>
    </div>
  </body>
```

- helloworld 子组件实例是存在的，如图 7-4 所示。

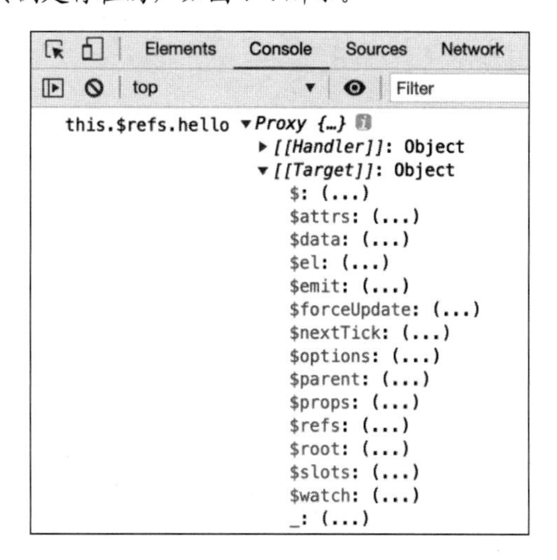

图 7-4 查看 helloworld 子组件实例

- 触发了的子组件生命周期钩子如图 7-5 所示。

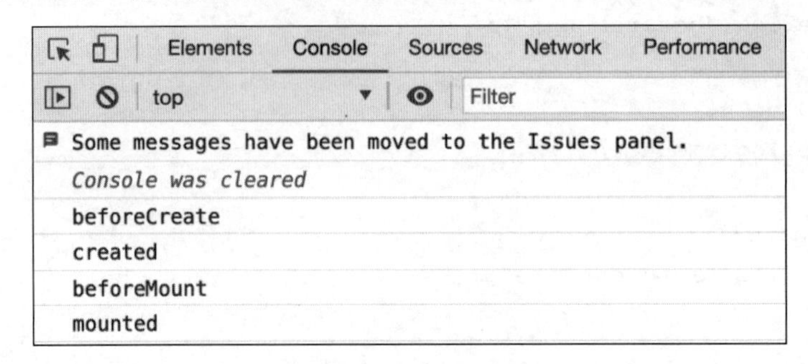

图 7-5 触发了的子组件生命周期钩子

2 秒后当 needShow 的值由 true 改为 false 的时候：

- Dom 结构如下：

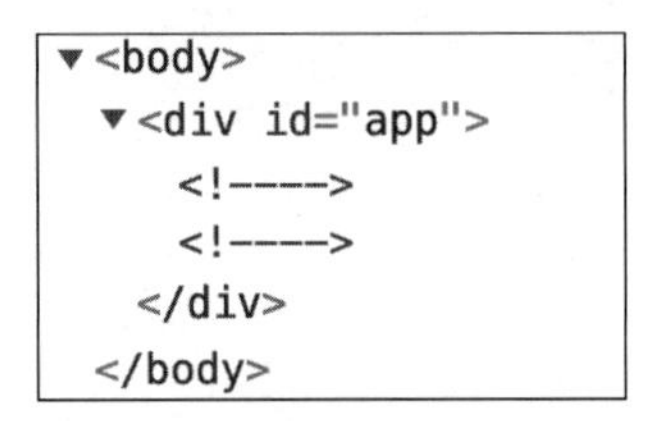

- this.$refs.hello 实例为空，如图 7-6 所示。Hellowrold 实例已经被销毁，说明 v-if="false"所在的子组件实例都将被销毁。

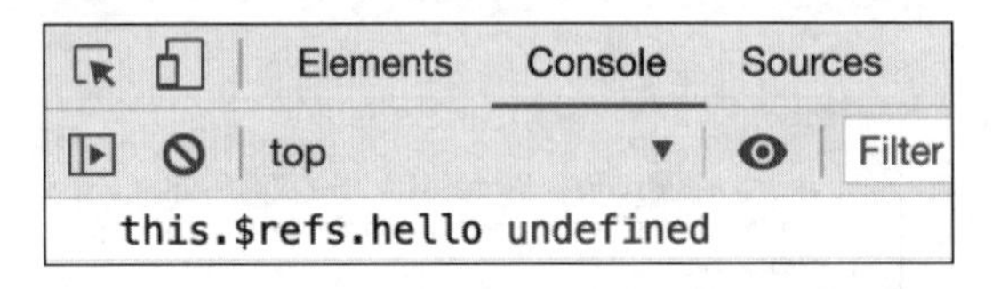

图 7-6 this.$refs.hello 实例为空

- 触发了的子组件生命周期钩子如图 7-7 所示。子组件的 beforeUnmount 和 unmounted 都被调用，说明子组件的确是被销毁了。

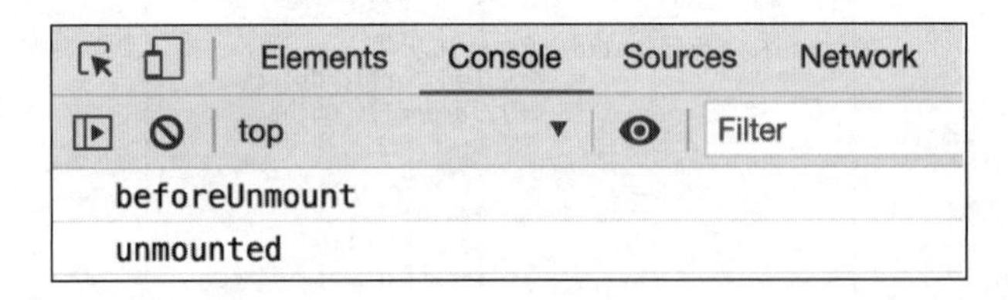

图 7-7 触发了的子组件的生命周期钩子

3. 最佳实践

从上述实战可以看出，v-if 为 false 时，对 DOM 和子组件的实例全部都销毁了。

4. 总结

组件需要频繁地进行显示和隐藏的切换时使用 v-show，组件隐藏后基本不需要再显示时使用 v-if。

7.5 v-else/v-else-if

当在模板中有两种条件选择时，可以考虑将 v-if/v-else 搭配使用；当有多种情况的时候，考虑 v-if/v-else-if/v-else 搭配使用。和 JS 语法的逻辑差不多，也比较容易理解，本节提供一个实际使用案例加深一下印象。

1. 学习目的

展示 v-else/v-else-if 的基本用法。

2. 实战练习

v-else 的用法如下：

```
<template>
  <div id="app">
    <div v-if="msg === 'v-if'">进入 if 条件</div>
    <div v-else-if="msg === 'v-else-if'">进入 v-else-if 条件
    </div>
    <div v-else>进入 v-else 条件</div>
  </div>
</template>

<script>
export default {
  name: "App",
  data() {
    return {
      msg: "v-if",
    };
  },
};
</script>
```

3. 最佳实践

必须和 v-if 结合使用，例如：

```
v-if
v-else
```

或者：

```
v-if
v-else-if
v-else
```

4. 总结

v-else/v-else-if 总是和 v-if 一起出现使用。

7.6 v-for

v-for 用来循环展示节点或组件。语法上参照了 JavaScript 的语法，也是通过 item in items 这种 in 语法进行使用。在使用 v-for 时不得不提及它的老搭档 key。本节中将重点介绍 v-for 配合 key 的使用原理，做到能够了解在什么情况下使用 key、在什么情况下无须使用 key。

1. 学习目的

v-for 中需要使用 key 的原因。

2. 实战练习

结合 v-for 通过一个正确和错误的方式实现一个 todo 任务管理来了解 key 的作用。
todo 任务管理的代码如下：

```
<template>
  <div id="app">
    <div>===============错误的情况：=================</div>
    <div>
      <input type="text" v-model="name">
      <button @click="add('todos')">添加</button>
    </div>
    <ul>
      <li v-for="(item, i) in todos">
        <!--即使换成下面这样一种添加了 index 作为 key，其实也和没添加是一个道理-->
        <!-- <li v-for="(item, index) in todos" :key="index"> -->
        <input type="checkbox">
        {{item.name}}
      </li>
    </ul>
    <div>================正确的情况=================</div>
    <div>
      <input type="text" v-model="rightName">
      <button @click="add('rightTodos')">添加</button>
    </div>
    <ul>
      <li v-for="(item, i) in rightTodos" :key="item.id">
        <input type="checkbox">
        {{item.name}}
      </li>
```

```
    </ul>
  </div>
</template>
<script>
export default {
  name: "App",
  data() {
    return {
      name: "", // 新增内容的名称
      rightName: "",
      todos: [
        { id: 1, name: "看书" },
        { id: 2, name: "打球" },
        { id: 3, name: "遛狗" }
      ],
      rightTodos: [
        { id: 1, name: "看书" },
        { id: 2, name: "打球" },
        { id: 3, name: "遛狗" }
      ]
    };
  },
  methods: {
    add(msg) {
      if (msg === "todos") {
        this.todos.unshift({ id: this.todos.length + 1, name: this.name });
        this.name = "";
      } else if (msg === "rightTodos") {
        console.log(this.rightTodos);
        this.rightTodos.unshift({
          id: this.rightTodos.length + 1,
          name: this.rightName
        });
        this.rightName = "";
      } else {
      }
    }
  }
};
</script>
```

页面展示如图 7-8 所示。

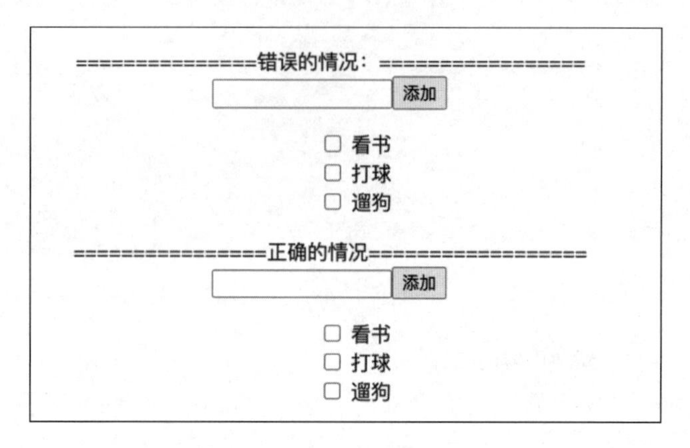

图 7-8 页面展示

v-for 的基本用法在官方文档中都有介绍，不再赘述。这里主要讨论 v-for 的老搭档 key 的问题，官方文档给出的要求也是用 v-for 时一定需要写 key。那么为什么一定需要搭配 key 使用呢？下面的实战案例首先展示一个不用 key 导致错误的情况。

代码如下：

```
<li v-for="(item, i) in todos">
    <input type="checkbox">
    {{item.name}}
</li>
```

todos 的数据结构如下：

```
todos: [
        { id: 1, name: "看书" },
        { id: 2, name: "打球" },
        { id: 3, name: "遛狗" }
      ]
```

勾选其中一项，如图 7-9 所示。

勾选完成后，再通过“添加”按钮添加一个 todo 项，“添加”按钮执行如下代码：

```
this.todos.unshift({ id: this.todos.length + 1, name: this.name });
```

添加完成后结果如图 7-10 所示。

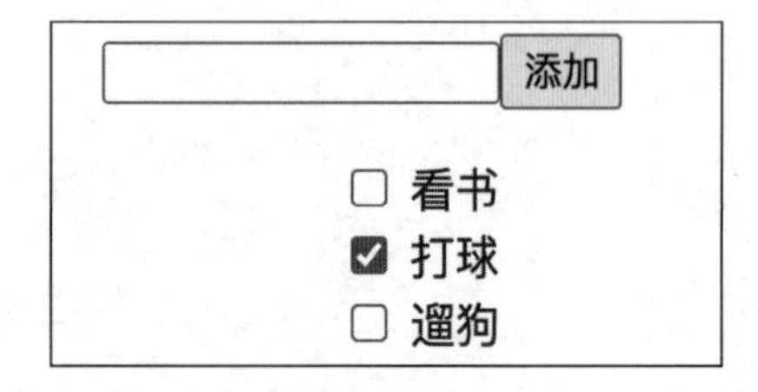

图 7-9 勾选一项

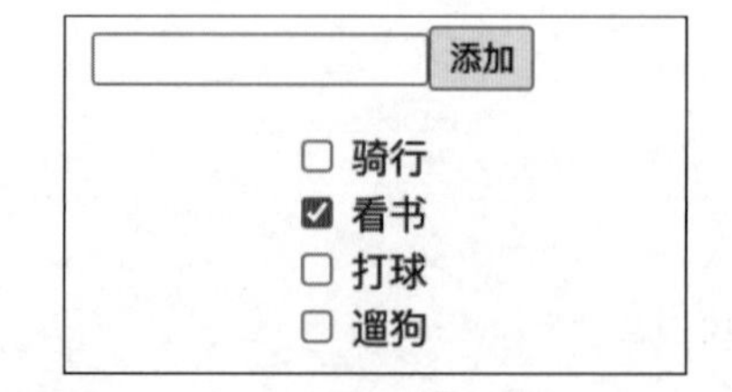

图 7-10 添加按钮

结果明显是有问题的，原来勾选的是“打球”，现在变成“看书”了。要分析上述问题，需要从 Vue 的虚拟 DOM 的 diff 算法说起。虚拟 DOM 的 diff 算法的宗旨就是要以最快的速度将每次改动以最快的速度渲染到浏览器的页面上。以上述没有使用 key 案例为例，当你动态地向 todos 中添加了一项内容时，Vue 内部的 diff 算法是这样处理的。在添加“骑行”这个 todo 项的时候，算法生成了如图 7-11 所示（左侧）的 vnode 节点，同时将 this.todos 中的数据从左到右依次灌到 li、checkbox、item.name 对应的节点中（可以将此时的节点都想成一个个能装数据的容器，因为没有 key 来区分各个 li 容器，所以在 diff 算法眼中数据只要赶紧装到容器中显示出来就可以了）。当新增了一个 todo 后，从 diff 算法最高效的角度看（少移动或者不移动节点是最快的），保持原有的三个容器不动，在右侧再添加一个 li 容器，然后迅速将数据依次从左到右灌到各个 li 容器中，这时就出现了案例中错误的场景，勾选项依然还是第二个，如图 7-11 所示（右侧）。

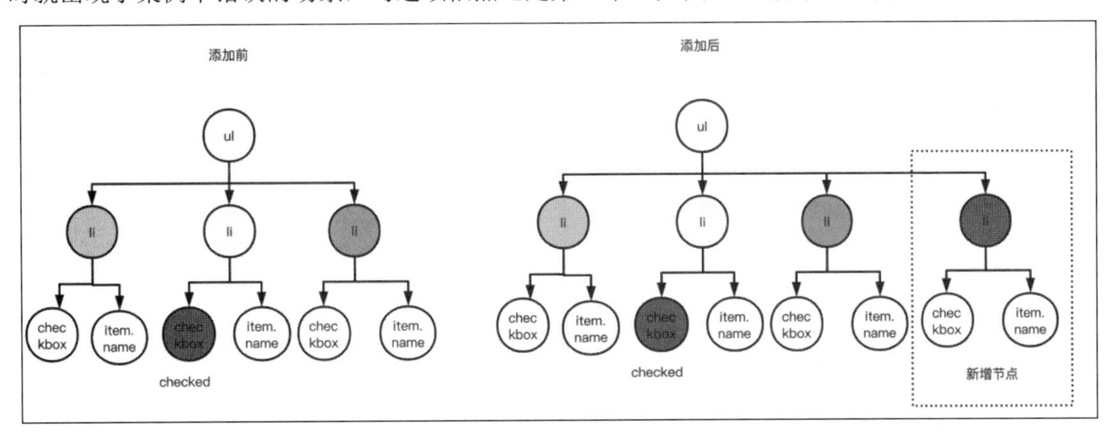

图 7-11 算法生成的节点

Vue 官方推荐使用 key 来解决这样的问题。添加 key 之后 diff 算法对上述动态添加一个 todo 的处理如图 7-12 所示。

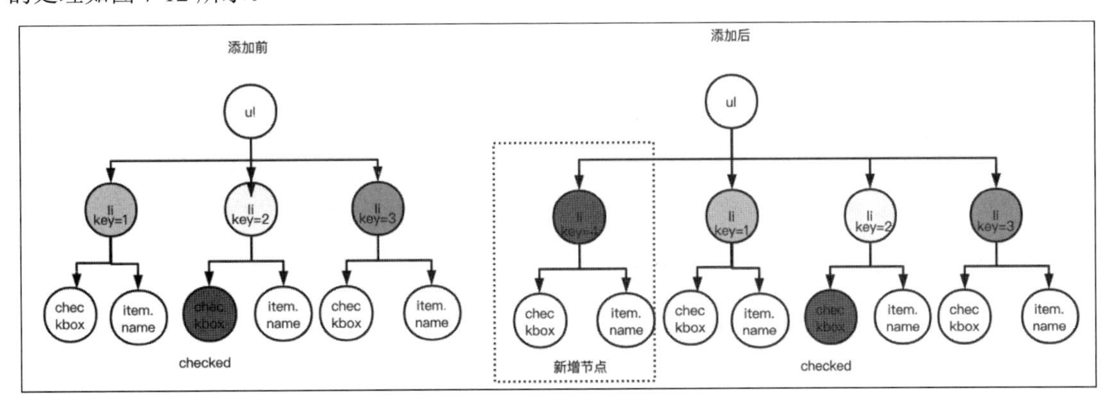

图 7-12 添加 key 之后的算法处理

增加了 key，相当于对容器进行了编号，容器编号之后就不可以像之前没有编号那样添加新数据后还是从左向右灌到容器中了。有了编号，刚才在哪个容器中的数据还要放到哪个容器中，diff 算法就不能像刚才一样偷工减料了。只能够在 ul 的左侧新建一个 li 容器，然后将刚才的三个容器均向右移动一次，这样才能够保证之前的数据还是放在固定编号的容器中。这就是使用 key 能够解决上述错误的原因。

虽然现在 Vue 官网已经强烈建议使用 key，但是当需要使用 v-for 大批量渲染节点时，为了提高效率，还是会考虑使用无序的容器。例如，上述案例中有 100 万个 todo 任务只需要展示而不要 checkbox 框（见图 7-13）。这种纯粹的 todo 展示其实就可以采用无序的容器，不需要进行容器的区分，将一个 todo 装到一个 li 容器中就可以了。如果这时采用的是第二种 diff 算法，那么每添加一个 todo 任务，就需要在最左边添加一个节点，然后将原有的 100 万个节点都向右移动一下，相比第一种 diff 算法非常浪费。这时建议使用数组中的 index 作为 key（因为 2.0 之后的 Vue 都强制使用 key），直接使用 index 就是对容器进行了无序化处理，整个过程将会随着数据增多提升性能。

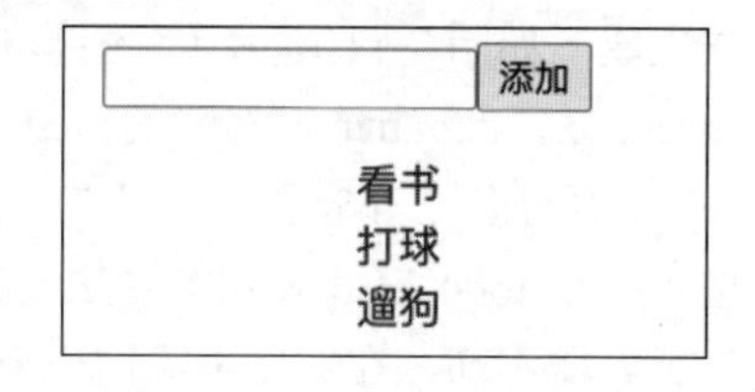

图 7-13 无须 checkbox 框的效果

虽然在某些情况下不使用 key 比使用 key 更好，但是像上面这种百万数量级的渲染可能出现的概率都不到万分之一，不能为了这万分之一而给大比例的场景埋下可能因为容器复用带来渲染出错的坑。所以，正常情况下都需要在 v-for 中使用 key（不要使用数组的 index，不然相当于没用 key）。

3. 最佳实践

通过上述分析可以知道，在使用 v-for 时大部分情况下搭配 key 就可以完成列表的渲染。在使用 key 的同时需要明白为什么需要加这样的一个 key，以便提升页面渲染的效率、理解 Vue 渲染原理。在大量数据需要渲染时，可以考虑使用数组的 index 作为 key 来提升渲染的效率。

4. 总结

在使用 v-for 时需要搭配 key。在大数据量列表渲染的时候，可以考虑使用数组 index 作为 key 来提高效率（只能为容器无序的情况）。

7.7 v-on

事件的触发使用 6.2 节中的$emit，事件的监听使用 v-on（一般都是使用简写@）。这个 v-on 是 EventBus 中 on、once、off、emit 中的一员，将它和 emit 捆绑起来记忆会简单得多。v-on 的基本使用比较简单，本节中不再赘述，这里主要分析一下 v-on 和修饰符的使用方法和效果。

1. 学习目的

展示 v-on 的使用以及结合各种修饰符的使用。

2. 实战练习

展示常用的修饰符结合 v-on 的情况：

```
<template>
  <div id="app">
    <div>
      <!--在 div 上右击出现弹框，弹框确认后出现页面右击菜单-->
      <div @click.right="rightClick">right 修饰符：右击我试试</div>
```

```
      <!--在 div 上右击出现弹框，弹框确认后不会出现页面右击菜单-->
      <div @click.right.prevent="rightClick">prevent 修饰符：右击我试试</div>
      <!--需要按住 Ctrl 键再右击才会生效-->
      <div @click.right.ctrl="rightClick">ctrl 修饰符：按 Ctrl 键右击我试试</div>
      <!--点击触发 click 事件，再次点击事件不会再执行-->
      <div @click.once="onceClick">once 修饰符：多次点击我试试</div>
      <!--JS 默认事件冒泡执行，将会先触发子点击，再触发父点击-->
      <div @click="parentClick">
        <div @click="childClick">正常情况：点击子 div 中的内容</div>
      </div>
      <!--只执行了子点击，没有执行父点击，因为使用.stop 修饰符就相当于在子点击中执行了
event.stopPropagation-->
      <div @click="parentClick">
        <div @click.stop="childClick">stop 修饰符：点击子 div 中的内容</div>
      </div>
      <!--先执行父点击，再执行子点击，因为使用.capture 修饰符相当于修改默认冒泡为捕获-->
      <div @click.capture="parentClick">
        <div @click="childClick">capture 修饰符：点击子 div 中的内容</div>
      </div>
      <!--只执行了子修饰符，因为使用.self 修饰符后会判断当前被点击的元素是否是绑定 DOM
事件的元素-->
      <div @click.self="parentClick">
        <div @click="childClick">self 修饰符：点击子 div 中的内容</div>
      </div>
      <!--按下 Enter 键后，触发事件-->
      <input @keydown.enter="pressEnterBtn" placeholder="聚焦我这里，按下 Enter
键">
      <!--按下 Esc 键后，触发事件-->
      <input @keydown.esc="pressEscBtn" placeholder="聚焦我这里，按下 Esc 键">
      <!--按下键盘向右键，注意这里的 right 修饰符指的是键盘上的向右键，而 click 中的 right
修饰符指的是鼠标右击-->
      <input @keydown.right="rightClick" placeholder="聚焦我后按下键盘向右键">
      <!--vue 组件自动定义 myClick 事件，组件内容被点击后触发-->
      <hello-world @myClick="myClick"></hello-world>
      <!--vue 组件使用.native 修饰符，使用.native 修饰符相当于绑定了一个 click 事件到
Vue 组件的顶层节点上-->
    </div>
  </div>
</template>
```

3. 最佳实践

（1）在原生 HTML 标签上的 v-on

在原生 HTML 标签中 v-on 的使用公式如下：

```
v-on:DOM 事件.事件修饰符.事件修饰符...
@Dom 事件.事件修饰符.事件修饰符...(简写)
```

① 在原生 HTML 标签上，常见的 DOM 事件如表 7-1 所示。

表 7-1 常见的 DOM 事件

<table>
<tr><th>事件类型</th><th>DOM 事件</th><th></th><th>事件可用的修饰符（修饰符可以串联使用）</th></tr>
<tr><td rowspan="6">鼠标事件</td><td>click</td><td>.left .right .middle</td><td rowspan="12">以下为事件修饰符：
.stop
.prevent
.capture
.self
.once
.passive
以下为事件系统修饰符：
.ctrl
.alt
.shift
.meta</td></tr>
<tr><td>dblclick</td><td></td></tr>
<tr><td>mouseover</td><td></td></tr>
<tr><td>mouseout</td><td></td></tr>
<tr><td>mousedown</td><td></td></tr>
<tr><td>mouseup</td><td></td></tr>
<tr><td rowspan="2">键盘事件</td><td>keydown</td><td rowspan="2">.enter .tab .delete
.esc .space .up
.down .left .right .keyCode</td></tr>
<tr><td>keyup</td></tr>
<tr><td rowspan="2">焦点事件</td><td>focus</td><td rowspan="4"></td></tr>
<tr><td>blur</td></tr>
<tr><td rowspan="2">表单事件</td><td>reset</td></tr>
<tr><td>submit</td></tr>
</table>

全部的 DOM 事件可以参考 MDN 事件参考列表，网址如下：

https://developer.mozilla.org/zh-CN/docs/Web/Events

注　意

在 Vue 3.x 中，下面这几种修饰符被移除了，不再使用：

```
<!--直接使用 enter 的 keycode 来代替.enter 修饰符-->
<input @keydown.13="pressEnterBtn" placeholder="聚焦我这里，按下 Enter 键">
<!--Vue 组件使用.native 修饰符，在 Vue 2.x 中使用.native 修饰符，相当于绑定了一个 click
事件到 Vue 组件的顶层节点上-->
<hello-world @click.native="nativeClick"></hello-world>
```

② 事件修饰符的使用。这里主要对事件修饰符进行分析，其他修饰符（如系统修饰符）一目了然，所以就不赘述了。

- .stop
  相当于在 JS 代码中使用了 “event.stopPropagation();”。
- .prevent
  相当于在 JS 代码中使用了 “event.preventDefault();”。

- .capture
  相当于在 JS 代码中使用了“addEventListener('click', function() {}, true);”。
- .self
  相当于在 JS 代码中使用了“$event.target === $event.currentTarget”。
- .once
  相当于先执行一次“addEventListener(event, myFunction);”，而后立刻执行“removeEventListener(event, myFunction);”。
- .passive
  目前的实际使用场景都是结合 scroll 来改善滚动屏幕时的卡顿问题，几乎没有其他的，用法如下：

```
v-on:scroll.passive
```

当我们在监听元素滚动事件的时候，会一直触发 onscroll 事件，在 PC 端是没有问题的，但是在移动端会让网页卡顿，因此使用这个修饰符相当于给 onscroll 事件加了一个.lazy 修饰符。

既然使用 JS 也能实现这些修饰符的功能，那么为什么还需要这些修饰符的存在呢？引用官方的回答就是，在事件处理程序中调用“event.preventDefault()”或“event.stopPropagation()”是非常常见的需求。尽管我们可以在方法中轻松实现这一点，但更好的方式是：方法只有纯粹的数据逻辑，而不是去处理 DOM 事件细节。

在实际的使用过程当中，很多程序员习惯于使用老的方式直接使用 JS 写 event.preventDefault()之类的代码，不习惯甚至不知道有对应的修饰符可以使用。这里推荐大家在能用修饰符的情况下尽量使用修饰符，没有相应的修饰符了再直接在函数方法中写 JS 代码，这样可以避免在 JS 数据逻辑代码中出现与逻辑无关的 DOM 相关代码，从而保持 JS 代码短小精悍。

（2）在自定义 Vue 组件上的 v-on

① 在自定义的 Vue 组件上可以使用自定义的事件名称，这一点和在原生 HTML 节点上使用 v-on 不同。原生 HTML 节点上只能使用 W3C 标准制定的原生 DOM 事件（如 click、mouseover）。在自定义的 Vue 组件上的 v-on 自定义事件是通过组件内部的 emit 进行触发的。（这一点可以参考第 11 章。）

② 自定义 Vue 组件上使用 v-on 会有一个可选的.native 修饰符。（native 修饰符在 Vue 3.x 中已被废除，了解它只是为了维护旧代码。）

采用了.natvie 修饰的 v-on 事件会绑定到自定义 Vue 组件渲染成 HTML 节点的顶级节点上，单击组件内的任何元素都可以触发这个事件。因为这里的事件被绑定到渲染后的 HTML 节点上，所以只能用 W3C 规定的 DOM 原生事件，不能够使用自定义的事件名称。

比较经典的一个使用.native 的场景是：

```
// 点击后 click 事件会被触发
<router-link to="/" @click.native.prevent="clickLink">
    点击跳转
</router-link>
```

```
// 点击后 click 事件不会被触发
<router-link to="/" @click="clickLink">
    点击跳转
</router-link>
<script>
export default {
    methods: {
        clickLink() {
            console.log('the link is been clicked')
        }
    }
}
</script>
```

从上述案例可以看出，使用 native 往往可以做到不对现有的 Vue 自定义组件改造的情况下绑定一些原生 DOM 事件。

v-on 在实际的开发中使用较少，取而代之的是@简写。v-on 是一种发布订阅者模式，通过 on 来订阅事件（参考 6.2 节中 EventBus 的介绍），产生一个事件列表。在原生 HTML 节点上，通过原生 DOM 事件触发，执行列表中的事件，在自定义的 Vue 组件中使用 emit 来触发订阅的事件，执行列表中的相关事件。

4. 总结

使用@简写实现事件的订阅，特殊场景下需要结合修饰符使用。

7.8 v-bind

v-bind 用来绑定动态的属性或者表达式。使用形式如 v-bind:property = "property or expression"，可以简写为:property = "property or expression"。在 Vue 中使用频率非常高。这一节中将会介绍使用 v-bind 进行各种绑定的情况（使用的情景不同），所以有必要仔细阅读。

1. 学习目的

实战使用 v-bind 进行各种绑定实战展示。

2. 实战练习

v-bind 绑定可分为 3 种类型：

- 原生 HTML 标签属性的绑定。
- Vue 组件属性的绑定。
- bind 修饰符的使用。

```
<div id="app">
    <!--1. 以下为原生 html 标签属性的绑定-->
    <!--普通的属性直接进行值的绑定-->
    <a :href="href">点我试试</a>
    <!--特殊属性 class，使用数组进行绑定-->
    <div :class="['width100', 'bgColorRed']">class 绑定数组</div>
    <!--特殊属性 class，使用对象进行绑定-->
    <div :class="{ width100: true, bgColorRed: true }">class 绑定对象</div>
    <!--特殊属性 class，同时绑定数组和对象-->
    <div :class="['width100', { bgColorRed: true }]">class 绑定对象</div>
    <!--特殊属性 style，使用数组进行绑定-->
    <div :style="[{ width: '100px', backgroundColor: 'pink' }]">
      style 绑定数组
    </div>
    <!--特殊属性 style，使用对象进行绑定-->
    <div :style="{ backgroundColor: 'pink' }">style 绑定数组</div>

    <!--2. 以下为 Vue 组件属性的绑定-->
    <MyInput :value="'你好'"></MyInput>

    <!--3. bind 修饰符的使用-->
    <!--  camel 修饰符的使用-->
    <svg :viewBox="'10'" style="height: 10px"></svg>
    <svg :view-box.camel="'10'" style="height: 10px"></svg>
    <br />
  </div>
```

注意，在 Vue 3.x 中 v-bind 的以下两种修饰符被弃用。如果想继续使用 sync 修饰符，可以考虑使用 7.10 节中的 v-model（v-model:propName）进行替代。

```
<!-- 通过 prop 修饰符绑定 DOM attribute，在 Vue 3.x 中已被弃用 -->
<div :text-content.prop="text"></div>
<!-- sync 修饰符的使用，在 Vue 3.x 中已被弃用-->
<MyInput :value.sync="inputValue"></MyInput>
<!--等价于使用如下写法-->
<MyInput
  :value="inputValue"
  @update:value="(val) => (inputValue = val)"
></MyInput>
<!-- 在 Vue 3 中替换为 -->
<MyInput v-model:value="inputValue"/>
```

3. 最佳实践

（1）对于原生 HTML 节点属性使用

v-bind 除了两个特殊的属性 style 和 class 可以绑定数组或对象外，其他都是和属性名称绑定使用的，例如 v-bind:attrName = "attrValue"（简写为：attrName= "attrValue"）。正常使用示例为：

```
<a :href="href">链接</a>
```

（2）对于自定义组件使用 v-bind

在组件中定义的属性可以通过 v-bind 绑定后传入组件内部，例如：

```
<MyInput :value="'你好'"></MyInput>
```

（3）修饰符的使用（.camel）

一般在写 svg 标签时会有如下写法：

```
<svg viewBox="0 0 100 100" xmlns="http://www.w3.org/2000/svg"></svg>
```

如果采用如下写法（viewbox 字母都小写），就会导致渲染失败：

```
<svg viewbox="0 0 100 100" xmlns="http://www.w3.org/2000/svg"></svg>
```

如果需要动态绑定 viewBox 的值，就需要使用如下写法：

```
<svg :view-box.camel="value"></svg>
```

这样渲染出来的结果就是：

```
<svg viewBox="value"></svg>
```

如果直接写成<svg :viewBox="value"></svg>，那么渲染出来的结果还会是<svg viewbox= "value"></svg>。

当我们使用 Vue 脚手架搭建项目或者使用 webpack 结合了 vue-loader/vueify 进行编译的时候，就可以不用.camel 修饰符了，直接使用如下写法即可：

```
<svg :viewBox="value"></svg>
```

有了这些 loader 就会直接完成转换，这就是在实际的项目中看不到 camel 修饰符的原因。

4. 总结

v-bind 在开发中基本都是用来进行值的绑定，比较常见；提供的.camel 修饰符鲜见使用。

7.9 v-model

v-model 用于数据的双向绑定，它实质上是一种语法糖，本节将会介绍这些语法糖的原理。v-model 中同样也有修饰符，在本节中也会逐一分析。

1. 学习目的

展示 v-model 在各种场景下的实战。

2. 实战练习

实战代码中的重点都已摘至最佳实践中进行了分析。

3. 最佳实践

在 Vue 3.x 中，将 Vue 2.x 中的 v-model 和.sync 两种双向绑定统一成 v-model 一种双向绑定，使得 v-model 在 Vue 3.x 中使用更加方便。

（1）v-model 的实现原理

v-model 只能够在 input、select、textarea 以及自定义组件这四种场景下使用，接下来就对这四种场景逐一进行介绍。

① 在 input 场景下的使用

- 当 type="text"时，<input v-model="textValue" type="text"/>相当于<input @input="textValue=$event.target.value" :value="textValue"/>。
- 当 type="radio"时，<input v-model="radioValue" type="radio" value="青菜"/>相当于使用了如下代码:

```
<input
     @change="radioValue = $event.target.value"
     value="青菜"
     type="radio"
   />
```

- 当 type="checkbox"时，<input v-model="checkboxValue" type="checkbox"/>相当于使用了如下代码:

```
<input
   @change="checkboxValue=$event.target.checked"
   :checked="checkboxValue"
   type="checkbox"/>
```

实际上 input 中的 type 有很多种，但是在 Vue 的官方测试用例中只覆盖了 text、radio、checkbox、file 这些用例，其他很多新的 type 并没有覆盖，比如 type="color"。v-model 也能够在这些 type 中使用，只是用的时候需多自测。下面使用 type="color"写一个 demo：

```
<input v-model="colorValue" type="color">
```

相当于使用了如下代码：

```
<input
     @change="colorValue=$event.target.value"
```

```
      :value="colorValue"
      type="color"/>
```

② 在 select 场景下的使用

```
<select v-model="selectedValue">
      <option disabled value>请选择</option>
      <option>哈士奇</option>
      <option>藏獒</option>
      <option>牧羊犬</option>
</select>
```

相当于使用了如下代码：

```
<select
  @change="selectedValue = $event.target.value"
  :value="selectedValue">
      <option disabled value>请选择</option>
      <option>哈士奇</option>
      <option>藏獒</option>
      <option>牧羊犬</option>
    </select>
```

③ 在 textarea 场景下的使用

```
<textarea v-model="textareaValue"></textarea>
```

相当于使用了如下代码：

```
<textarea
    @input="textareaValue = $event.target.value"
    :value="textareaValue"></textarea>
```

④ 在自定义组件场景下的使用

自定义一个 helloworld 组件：

```
<template>
  <div class="hello">
    helloworld 组件内部 input 值：
    <input :value="msg" type="text" @input="input">
  </div>
</template>
<script>
export default {
  name: "HelloWorld",
```

```
  props: {
    msg: String
  },
  methods: {
    input($event) {
      this.$emit("update:msg", $event.target.value);
    }
  }
};
</script>
```

结合 v-model 使用 HelloWorld 组件：

```
<HelloWorld v-model:msg="msg"></HelloWorld>
```

相当于使用了如下代码：

```
<HelloWorld
   @update:msg="(value) => (msg = value)"
   :msg="msg"></HelloWorld>
```

（2）v-model 三种修饰符的使用

① _.lazy

```
<input v-model.lazy="lazyMsg">
```

相当于使用了如下代码：

```
<input
   :value="lazyMsg"
   @change="lazyMsg = $event.target.value">
```

.lazy 修饰符其实就是将原来 input 中每修改一次就触发@input 修改成所有都修改完毕失焦时才触发。

② .number

```
<input v-model.number="age" type="number">
```

相当于使用如下代码：

```
<input
    @input="age = parseFloat($event.target.value)"
    :value="age"
    type="number">
```

.number 修饰符其实就是将 input 中的值转化成 typeof 为 number 的值。如果所填写的值不是数值型的，那么会保持原状。这时你可能会疑惑，input 节点中都已经使用 type="number"了，难道输入的数值还不是 number？通过控制台打印的内容会发现，即使添加了 type="number"，输入值的 typeof 依然是 string 类型。

③ .trim

```
<input v-model.trim="trimValue" type="text">
```

相当于使用了如下代码：

```
<input
   @input="trimValue = $event.target.value.trim()"
   :value="trimValue"
   type="text">
```

.trim 修饰符实际上在 Vue 源代码处理中也是通过添加 JS 原生的 trim()函数来进行处理的。

4. 总结

一定要能够了解 v-model 实现的机理，这样才能够知道什么情况下适合使用 v-model、什么情况下不需要。同时对 v-model 提供的三个修饰符也要有一定程度的认识，在特定的场景下能够想到使用它们，而不是自己在 JS 逻辑中写代码。

7.10 v-slot

v-slot 是插槽经过多次改版出现的，使用"v-"字样开头是为了和其他指令统一起来。因为关于插槽的修改比较多，所以在插槽上产生了很多不同版本的语法格式，使用起来较为难以记忆和区分。这一节将会分析插槽的历史，从历史的推进角度了解各个语法出现的时间点和用法，以及其出现的必要性，从历史推进的角度来记住插槽的语法将会更加高效和有意义。

1. 学习目的

展示 v-slot 从旧版到新版的演化历史。

2. 实战练习

实战代码中的重点会在最佳实践中进行分析。

3. 最佳实践

Vue 本身在文档中（https://cn.vuejs.org/v2/guide/components-slots.html）对与 v-slot 的用法已经做了详细的介绍，这里不再赘述，而是从 v-slot 这个指令的设计思路分析为什么 Vue 作者会想到这样一个指令以及为什么这个指令的使用形态最终是这样的。这样有助于理解 v-slot，在理解后记忆 v-slot 的用法会更加容易，而不是 Vue 文档中的用法。

v-slot 改造前后的对比如表 7-2 所示。

表 7-2 v-slot 改造前后对比

	改造前（语法已在 3.0 中废除）	改造后（提倡使用）
匿名插槽的使用	组件<comp>的定义： <div class="container"> <slot></slot> </div> 组件<comp>的使用： <comp> <template slot="default"> <h1>内容部分<h1> </template> </comp>	组件<comp>的定义： <div class="container"> <slot></slot> </div> 组件<comp>的使用： <comp> <template v-slot:default> <h1>内容部分<h1> </template> </comp>
匿名插槽的使用	可以简写为： <comp> <h1 slot="default">内容部分<h1> </comp> 或者： <comp> <h1>内容部分</h1> </comp>	可以简写为： <comp> <template v-slot> <h1>内容部分<h1> </template> </comp> 或者： <comp v-slot> <h1>内容部分</h1> </comp> 还可以简写为： <comp> <h1>内容部分</h1> </comp> 切勿简写为如下形式（因为 v-slot 只能绑定到 template 上，只有一种情况除外，下面会说） <comp> <h1 v-slot:default>内容部分<h1> </comp>

（续表）

	改造前（语法已在 3.0 中废除）	改造后（提倡使用）
具名插槽的使用	组件<comp>的定义： <div class="container"> <slot name="header"></slot> </div> 组件<comp>的使用： <comp> <template slot="header"> <h1>内容部分</h1> </template> </comp> 或者： <comp> <h1 slot="header">内容部分</h1> </comp>	组件<comp>的定义： <div class="container"> <slot name="header"></slot> </div> 组件<comp>的使用： <comp> <template v-slot:header> <h1>内容部分</h1> </template> </comp> 注意：v-slot 只能在 template 上使用，除了一个特例（见下方简写模式），不能像左侧 slot 那样直接在 h1 标签上使用。 可以简写为： <comp v-slot:header> <h1>内容部分</h1> </comp> 注意：只有一个具名插槽时才可以这样简写
单个作用域插槽的使用	组件<comp>的定义： <div class="container"> <slot :user="user"> {{user.lastName}} </slot> </div> 组件<comp>的使用： <comp> <template slot-scope="slotProp"> {{slotProp.user.firstName}} </template> </comp>	组件<comp>的定义： <div class="container"> <slot :user="user"> {{user.lastName}} </slot> </div> 组件<comp>的使用： <comp> <template v-slot:default="slotProp"> {{ slotProp.user.firstName}} </template> </comp> 可以简写为： <comp> <template v-slot="slotProp"> {{ slotProp.user.firstName}} </template> </comp>

（续表）

	改造前（语法已在 3.0 中废除）	改造后（提倡使用）
		或者： <comp v-slot="slotProp"> {{ slotProp.user.firstName}} </comp>
多个作用域插槽的使用	组件<comp>的定义： <div class="container"> <slot :user="user"> {{user.lastName}} </slot> <slot name="family" :family="family"> {{family.name}} </slot> </div>	组件<comp>的定义： <div class="container"> <slot :user="user"> {{user.lastName}} </slot> <slot name="family" :family="family"> {{family.name}} </slot> </div>
多个作用域插槽的使用	组件<comp>的使用: <comp> <template slot="default" slot-scope="slotProp"> {{slotProp.user.firstName}} </template> <template slot="family" slot-scope="slotProp"> {{slotProp.family.fatherName}} </template> </comp> 可以简写为： <comp> <template slot-scope="slotProp"> {{slotProp.user.firstName}} </template> <template slot="family" slot-scope= "slotProp"> {{slotProp.family.fatherName}} </template> </comp>	组件<comp>的使用： <comp> <template v-slot:default="slotScope"> {{slotProp.user.firstName}} </template> <template v-slot:family="slotScope"> {{slotProp.family.fatherName}} </template> </comp> 可以简写为： <comp> <template v-slot="slotScope"> {{slotProp.user.firstName}} </template> <template v-slot:family= "slotScope"> {{slotProp.family.fatherName}} </template> </comp>

演化的过程可以理解为 Vue 框架开发者解决以下痛点的过程：

① 为什么需要插槽。

问题的出现：一般我们写的 Vue 组件内部的结构和内容都是固定的，降低了组件的复用性。当你的业务可能需要引用当前 Vue 组件中的大量代码，但是需要修改少部分结构时，可能需要先复制当前组件的代码再新建一个 Vue 文件，导致大量重复代码出现。

为什么会想到使用插槽来解决问题：实际上以上描述的问题早在 Angular 框架中就已出现，Angular 采用 transclusion 的方法进行解决。Angular 的出现早于 Vue，所以 Vue 肯定是要把 Angular 能解决的问题都解决了，甚至要解决得更好。Vue 参考了 Webcomponents 中的 slot，虽然 slot 的概念在 WebComponents 标准中还只是处在 proposal 提案阶段，但是在很多新的浏览器中已经开始支持 slot。Vue 避免了像 Angular 那样创造出一个新的概念来实现“内容分发”的目的，而是参考了现有的 slot 提案，大大降低了用户熟悉和上手的成本，进而形成了自己的优势。

② 为什么有了插槽还需要作用域插槽。

在 1.0 版本的 Vue 发布时，实际上只有 slot 插槽，并没有 scoped slots 的概念。在使用 1.0 版本的 Vue 时（时间为 2016 年 4 月 22 日），一个叫 nablex 的就遇到了这样的一个问题（详见 vue issue，编号 2704）：

```
nablex 假定自己开发了一个组件"my-picker.vue"：
<template id="my-picker"
    <div v-for='item in items' v-on:click="this.$emit('activate', item)">
      <slot><button>{{ item.name }}</button></slot>
    </div>
</template>
```

这时，他想向插槽中插入如下一段代码<img :src="item.name + '.png'"/>：

```
<my-picker>
    <img :src="item.name + '.png'"/>
</my-picker>
```

这时就碰到了一个问题，在父组件中使用 my-picker 组件的时候父组件中是没有办法获取到子组件 my-picker 中的 item 值的，这时父组件的渲染就会报错——can not read property 'name' of undefined。

这时一群人就在 issue 下面给出了各种解决方法，也都是基于当时 Vue 提供的 API 发挥的一些思考，有的给出的方法相对来说还是可以的，这时 Vue 的作者也在下面评论了：

> If you think about it like JavaScript, it's the difference between passing a value already evaluated in the parent scope vs. passing a function that takes some arguments from the child scope and then return the value.（如果你用类似 JavaScript 的思维考虑这个问题，那么传递一个在父作用域中已有的值和从子作用域中获取一些参数传递给一个函数并且返回一个值是有区别的。）

This will be addressed in a future version, but I don't intend to introduce other sub-optimal solutions for now.（这将在未来的版本中解决，我现在不打算介绍其他次优解决方案。）

从 Vue 作者的回答可以看出，Vue 在 1.0 推出后估计有不少人遇到过类似的问题。他表示在未来的版本中会想办法解决。于是在 2.1.0 的 Vue 版本中（推出时间为 2016 年 11 月 24 日）Vue 作者推出了 Scoped Slots 这样一个概念，同时官方还给出了当时推出的 scope 语法使用实例：

```
// 在子组件中的定义
const Child = {
    data () {
        return { msg: 'hello from child' }
    },
    template: `
        <div class="child">
            <slot :text="msg"></slot>
        </div> `
}
// 在父组件中的定义
const Parent = {
    components: { Child },
    template: `
        <div class="parent">
            <child>
                <template scope="props">
                    <span>hello from parent</span>
                    <span>{{ props.text }}</span>
                </template>
            </child>
        </div> `
}
// 最终渲染出的结果
<div class="parent">
    <div class="child">
      <span>hello from parent</span>
      <span>hello from child</span>
    </div>
</div>
```

官方还给出了需要使用 scoped slots 很典型的场景，也是实际开发中使用作用域插槽最多的一个场景，就是在一个列表组件需要渲染很多项时如何定制化每一项能够进行不同的渲染。

```
// 父组件中的使用
<my-awesome-list :items="items">
```

```
<!-- scoped slot can be named too -->
  <template slot="item" scope="props">
    <li class="my-fancy-item">{{ props.text }}</li>
  </template>
</my-awesome-list>
//子组件 my-awesome-list 的定义
<ul>
   <slot name="item"
       v-for="item in items"
       :text="item.text">
       <!-- fallback content here -->
   </slot>
</ul>
```

有了 slot 只能够向子组件中定制框架和父作用域有的数据，然而有了 scoped slot 就可以定制子组件中的框架和使用父组件以及子组件的数据了，也就是让你的插槽定制基本上可以覆盖所有的场景。

在 2.1.0 版本推出 scope 的语法后，在 2.5.0 中推出 slot-scope 来替代了 scope。除了 scope 只可以用于 template 元素外，其他和 slot-scope 都相同。为什么使用“slot-scope”替代“slot”字样呢？Vue 作者给出的说法是，之前需要使用 scope 时都需要绑定在 template 上。这样主要是避免直接在 component 上使用时和组件本身的 props 属性冲突。之前的用法如下：

```
<comp>
   <template scope="props">
     <div>{{ props.msg }}</div>
   </template>
</comp>
```

一段时间用下来，觉得这样太冗余了，每次都要用 scope 写一个 template，于是作者就改成了下面这样：

```
<comp>
  <div slot-scope="props">
   {{ props.msg }}
  </div>
</comp>
```

③ 为什么有了 slot 和 slotscoped 还需要修改为 v-slot?

slot-scope 用了一段时间后又有问题暴露出来了。在 2018 年 5 月 5 号，一个叫 rightaway 的用户提了一个编号为 7740 的 issue——如果我的插槽中没有任何的 HTML 结构，比如就是一个双向绑定的值{{props.value}}，按照之前 slot-scope 的语法就要写为：

```
<vue-parent>
   <vue-child>
     <template slot-scope=props>
       {{ props.value }}
```

```
        </template>
    </vue-child>
</vue-parent>
```

这时用rightaway比较麻烦，还是要多写template这样一层无用的内容。这时他提出了如下写法：

```
<vue-parent>
    <vue-child slot-scope=props>
    {{ props.value }}
    </vue-child>
</vue-parent>
```

Vue 的作者 Evan You 意识到这确实是一个问题，然后一群 Vue 的开发者就提出了各种各样的解决方案，甚至觉得 slot 和 slot-scope 同时使用的语法都可以精简，如下使用方法较为烦琐：

```
<vue-parent>
    <vue-child>
      <template slot="header" slot-scope="props">
         {{ props.value }}
      </template>
    </vue-child>
</vue-parent>
```

经过整理最终决定推出 v-slot 来解决上述问题。

- 对于 rightaway 提出的问题，当只有一个默认插槽的时候，可以直接挂在 component 上：

```
<vue-parent>
    <vue-child v-slot=props>
    {{ props.value }}
    </vue-child>
</vue-parent>
```

- 对于具名插槽每次都要写 slot 和 slot-scope 的问题，可以使用 v-slot 进行简化：

```
<vue-parent>
    <vue-child>
      <template v-slot:header="props">
         {{ props.value }}
      </template>
    </vue-child>
</vue-parent>
```

以上就是 v-slot 的演化史了。v-slot 除了上述两种使用方法外，还有其他语法，具体可以在 Vue 官网查看。

4. 总结

从插槽的演化史可以看出，当需要子组件中的框架以及内容能够在父组件中定制时就需要考虑使用插槽 slot。当插槽内容中部分或全部内容来自子组件时，需要考虑使用作用域插槽来获取子组件中的内容。这基本上概括了插槽的使用场景。

7.11 v-pre

使用了 v-pre 的地方不会被 Vue compile 编译，所以能够保留代码原有的面貌，常见的如 Vue 中 template 模板代码展示等。本节将会罗列几个使用 v-pre 的使用场景。

1. 学习目的

展示 v-pre 的实际应用场景。

2. 实战练习

使用 v-pre 的代码：

```
<template>
  <div id="app">
    <span v-pre>{{ this will not be compiled }}</span>
    <span v-pre>
      <div>这里是 div 中的内容</div>
    </span>
    <pre>
      {
        myName: 'jackieyin'
      }
    </pre>
  </div>
</template>
```

结果展示如图 7-14 所示。

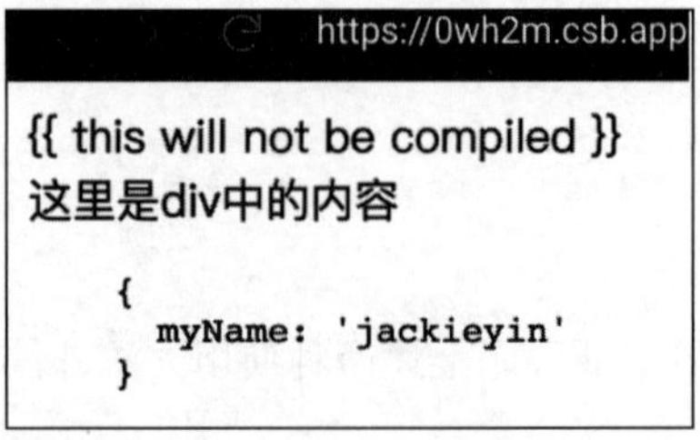

图 7-14 结果展示

3. 最佳实践

pre 的英文单词是 preclude，中文含义是排除。实际上使用了 v-pre 的地方不会被 Vue compile（编译），使用{{}}双括号的地方因为没有经过编译会原样保留下来。因为编译模板的过程实际也会占用资源，所以使用 v-pre 也会达到提高编译性能的作用。如果预先知道页面中有大量的代码是不需要编译的，那么可以加上 v-pre 来提高页面的编译速度。实际开发中这样的做法少见，为了争取代码打包快一两秒而牺牲了代码的美观并没有太大意义。

千万不要把 v-pre 和 HTML 标签的<pre>混淆成一个概念。

（1）v-pre 是为了在 Vue 编译的时候告诉 Vue 编译器不编译中间的内容。

（2）<pre>标签是为了让浏览器解析 DOM 的时候保留标签内部的空格和换行符，最常用的场景是输出格式化的 json 数据。

```
<pre>
  {
    myName: 'jackieyin'
  }
</pre>
```

输出如下：

```
{
  myName: 'jackieyin'
}
```

4. 总结

当需要保留{{xxx}}双花括号时，或者需要提高页面打包编译速度时，一般需要想到v-pre指令。

7.12　v-cloak

在 Vue 早期阶段，各种打包技术还不是那么成熟，加上很多项目是从 jQuery 时代过渡而来，所以都是通过直接引用一个 vue.js 就开始开发项目了，也没有什么 npm 包的概念。这时就会出现一个问题：当 Vue 中的模板代码被渲染时，页面上就会出现"{{msg}}"的字样，等 msg 有值之后才会渲染到页面上。这样带给用户的体验很不好，需要结合 v-cloak 来解决。v-cloak 可以隐藏未编译的 Mustache 标签直到实例准备完毕。

1. 学习目的

了解 v-cloak 在实际开发中的作用。

2. 最佳实践

v-cloak 在 Vue 0.8.6 版本(2014 年 2 月 14 日)添加，其设计理念参考了 Angular 中的 ngCloak。如果你的项目是使用 webpack 或者 Vue 脚手架进行打包的，那么基本上用不到 v-cloak 这个指令。v-cloak 指令在如下场景中才会可能出现：

```
<html>
  <head>
    <script src="https://unpkg.com/vue@2.5.17/dist/vue.js"></script>
    <style type="text/css">
      [v-cloak] {
        display: none !important;
      }
    </style>
  </head>
  <body>
    <div id="app">
      <span>{{ msg }}</span>
    </div>
    <script>
      setTimeout(() => {
        new Vue({
          el: "#app",
          data: {
            msg: "hello world"
          }
        });
      }, 2000);
    </script>
  </body>
</html>
```

为什么结合了 webpack 或者使用 Vue 脚手架就没有这样的问题了呢？因为当使用打包工具开发时，实际上我们的 html 结构都只有<div id="app"></div>这样的一个空结构，其他在.vue 文件中所写的 html 代码会被编译成 Vue render 函数，然后一次性渲染到页面上，所以也就不存在上述问题了。这就是几乎用不到 v-cloak 的原因。

3. 总结

在传统的没有打包预编译 Vue 代码的项目中，需要考虑使用 v-cloak 来避免页面渲染数据前和渲染数据后出现的闪动问题。在使用 webpack 等结合 vue-loader 预编译插件时基本不会出现使用 v-cloak 的场景。

7.13 v-once

v-once 只渲染元素和组件一次，重新渲染时元素/组件及其所有的子节点将被视为静态内容并跳过，所以 v-once 可以用来优化性能。本节将从原理上分析为什么 v-once 可以提升代码的性能。

1. 学习目的

掌握 v-once 的基本用法。

2. 实战练习

v-once 的使用代码如下：

```
<template>
  <div id="app" v-once>{{ message }}</div>
</template>

<script>
export default {
  name: "App",
  data() {
    return {
      message: "123",
    };
  },
  mounted() {
    setTimeout(() => {
      this.message = "456";
    }, 2000);
  },
};
</script>
```

最终页面的展示结果如图 7-15 所示。

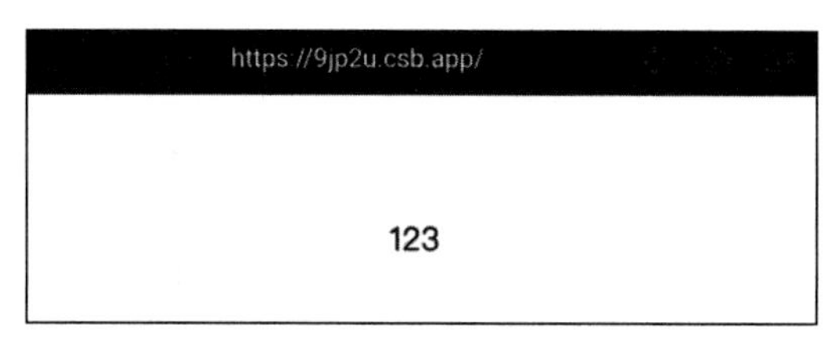

图 7-15 页面展示的结果

从上述结果可以看出 2 秒之后 message 被赋值为 456 并没有生效，说明 v-once 的确生效了。

3. 最佳实践

首先简单地回顾一下 Vue 的工作流程：

template ----->ast 抽象语法树----->render 渲染函数------>vnode（patch）---->真实 node

接下来看一下不使用 v-once 和使用 v-once 的前后对比。源代码如下：

```
<div>
  <p v-if="message">{{ message }}</p>
</div>
```

通过 Vue 的 compile 编译后产生的 render 函数如下：

```
import { toDisplayString as _toDisplayString, createVNode as _createVNode,
openBlock as _openBlock, createBlock as _createBlock, createCommentVNode as
_createCommentVNode } from "vue"

export function render(_ctx, _cache, $props, $setup, $data, $options) {
  return (_openBlock(), _createBlock("div", null, [
    (_ctx.message)
      ? (_openBlock(), _createBlock("p", { key: 0 },
_toDisplayString(_ctx.message), 1 /* TEXT */))
      : _createCommentVNode("v-if", true)
  ]))
}
```

将源代码修改为如下语句：

```
<div>
  <p v-if="message" v-once>{{ message }}</p>
</div>
```

通过 Vue 的 compile 编译后产生的 render 函数如下：

```
import { setBlockTracking as _setBlockTracking, toDisplayString as
_toDisplayString, createVNode as _createVNode, openBlock as _openBlock,
createBlock as _createBlock, createCommentVNode as _createCommentVNode } from
"vue"

export function render(_ctx, _cache, $props, $setup, $data, $options) {
  return (_openBlock(), _createBlock("div", null, [
    _cache[1] || (
      _setBlockTracking(-1),
      _cache[1] = (_ctx.message)
        ? (_openBlock(), _createBlock("p", { key: 0 },
_toDisplayString(_ctx.message), 1 /* TEXT */))
        : _createCommentVNode("v-if", true),
      _setBlockTracking (1) ,
      _cache[1]
    )
  ]))
}
```

对比编译后的代码可以发现，添加了 v-once 后实际上就将首次编译的内容存在_cache[1]中了，再次使用是直接从 cache 中获取。这就是实战案例中再次修改没有产生效果的原因。

从 v-once 的原理可以发现，其最大的作用就是减少了一小段代码的处理，直接从缓存中获取内容，从而加快了渲染速度。实际开发用的较少，因为使用 v-once 稍稍提升页面性能的同时带来了很多烦恼。试想一下，你在某个父组件上添加了一个 v-once，无论这个组件内部的数据如何变化，页面都没有任何响应，此时如果将项目交接到另一个同事手中，在不知道你用了 v-once 的情况下就会非常疑惑为什么他在组件内部修改数据后页面都没有任何变化。v-once 指令在绝大多数情况下基本用不上，在少数小而精的场景下可能会使用到。

4. 总结

绝大多数场景下是使用不到 v-once 指令的，只有少数特别注重页面性能的情况下才会考虑使用 v-once 来进行优化。

7.14 v-is

Vue 3.x 中对原有 Vue 2.x 中的 is 指令做了修改（具体的修改在 8.3 节中查看），将原本可以同时使用在<component>标签和普通组件（如 div，自定义的 helloworld 组件）上限制为只能使用在<component>标签上。v-is 主要用来补充 is 被限制掉的那部分能力，也就是使用在普通组件上的能力。

1. 学习目的

替代组件中不可出现非 HTML 规范内的代码，实际使用一下 v-is，了解其实战作用。

2. 实战练习

直接在 HTML 页面中写入如下代码：

```
<html>
    <head></head>
    <body>
    <div id="app">
        <select>
            <optionitem></optionitem>
        </select>
    </div>
    <script src="https://unpkg.com/vue@next"></script>
    <script>
        let {createApp} = Vue;
        let app = createApp({
            el: "#app",
            components: {
                optionitem: {
```

```
                template: "<option >a</option>"
            }
        }
    });
    app.mount('#app');
  </script>
  </body>
</html>
```

最终渲染出来的效果是：

```
<html>
  <head></head>
  <body>
    <div id="app">
      <select></select>
    </div>
  </body>
</html>
```

select 中的 option 选项都没有成功渲染出来，验证了 Vue 官网说的那一段话：

有些 HTML 元素，诸如<ul>、<ol>、<table>和<select>，对于哪些元素可以出现在其内部是有严格限制的。而有些元素，诸如<li>、<tr>和<option>，只能出现在其他某些特定的元素内部。

上例中 select 标签中出现了 W3C 标准之外的 optionitem 标签，不能够被浏览器的 DOM 编译器识别，从而被浏览器丢弃。在早期没有 webpack 的时代，像上述例子一样直接在一个 html 文件中引入 vue.js 就开始开发 Vue 单页面应用是常有之事，所以遇到上述问题会是常有之事。Vue 提供了哪些解决问题的办法突破 W3C 的限制呢？在 Vue 的官方文档中，你可以找到如下一番话：

需要注意的是，如果我们从以下来源使用模板，这条限制是不存在的：

（1）字符串（例如：template: '...'）
（2）单文件组件（.vue）
（3）<script type="text/x-template">

这几句话看似简单，但是具体含义有点难理解，下面看几个实际的例子。

① 字符串（例如：template: '...'）。

```
<html>
    <head></head>
    <body>
        <div id="app">
            <selectcomp></selectcomp>
        </div>
```

```
        <script src="https://unpkg.com/vue@next"></script>
        <script>
            const { createApp } = Vue;
            let app = createApp({
                el: "#app",
                components: {
                    selectcomp: {
                        // 这里就可以在 select 中嵌套使用 optioncomp 了
                        template: "<select><optioncomp></optioncomp></select>"
                    }
                }
            });
            app.component("optioncomp", {
                template: "<option>a</option>"
            });
            app.mount('#app');
        </script>
    </body>
</html>
```

② 单文件组件（.vue）。

在.vue 组件中可以直接使用如下写法：

```
<template>
    <div id="app">
        <select>
            <optionitem></optionitem>
        </select>
    </div>
</template>
<script>
import optionitem from './components/optionitem'
export default {
     el: "#app",
    components: {
        optionitem
      }
}
</script>
<!--optionitem.vue 组件的代码如下-->
<template>
  <option >a</option>
</template>
```

③ <script type="text/x-template">。

```
<html>
<head></head>
<body>
<div id="app">
   <selectcomp></selectcomp>
</div>
<!--模板内容存放区域-->
<script type="x-template" id="mySelectTemp">
   <select>
      <selectitem></selectitem>
   </select>
</script>
<script src="https://unpkg.com/vue@next"></script>
<script>
   const { createApp } = Vue;
   let app = createApp({
      el: "#app",
      components: {
         selectcomp: {
            // 这里就可以在 select 中嵌套使用 optioncomp 了
            template: "#mySelectTemp"
         }
      }
   });
   app.component("selectitem", {
      template: "<option>a</option>"
   });
   app.mount('#app');
</script>
</body>
</html>
```

上述几种办法之所以能够成功运行，是因为浏览器给了 Vue 介入编译的机会。如果像上述<select><yourComp></yourComp></select>这种浏览器直接将<yourComp></yourComp>认为是非法的字符抛弃了，那么 Vue 介入编译的机会就没有了。

虽然上述几种方法的确达到了特殊标签（table、select 等）内部元素的组价化，但是可以看出：第一种方式只是换了一种方式，绕开了直接在 select 标签中插入 Vue 组件标签；第二种方式在早期没有打包工具的时代基本不能够实现；第三种使用“x-templete”的方式明显把一个简单的问题复杂化了。在 Vue 发展的早期，为了让开发者更加方便和直观地实现上述功能，Vue 提出了 is 的概念。通过 is 既能够避免组件被浏览器抛弃，又能够让 Vue 介入编译。在 Vue 2.x 中的使用方法如下：

```
<html>
  <head></head>
  <body>
    <div id="app">
      <select>
        <option is="optionitem"></optionitem> <!--使用 is 达到嵌入组件能力-->
      </select>
    </div>
    <script src="https://cdn.jsdelivr.net/npm/vue@2.6.12"></script>
    <script>
      new Vue({
        el: "#app",
        components: {
          optionitem: {
            template: "<option >a</option>"
          }
        }
      });
    </script>
  </body>
</html>
```

在浏览器中的渲染结果如图 7-16 所示。

```
▼<body>
  ▼<div id="app">
    ▼<select>
        <option>a</option> == $0
      </select>
    </div>
    <script src="https://cdn.jsdelivr.net/npm/vue@2.6.12"></script>
  ▶<script>…</script>
```

图 7-16 渲染结果

通过在代码中依然使用<option></option>的方式骗过了浏览器，使得浏览器没有抛弃这个标签。然后 Vue 介入，通过 is 来判断应该使用哪一个组件将<option></option>替换掉，最后成功地完成了渲染。实际上当你用了 is 的时候，Vue 就不管你现在真实使用的标签是哪一个了，只关心 is 中使用的是哪个组件。例如，下列几种情况渲染出来的结果都是一样的。

```
<template>
  <div id="app">
    <!--以下三种情况渲染出来的结果都是相同的，因为当有 is 属性的时候就只关心 is 中的组件
了-->
    <div is="helloworld"></div>
    <span is="helloworld"></span>
```

```
  </div>
</template>
<script>
import helloworld from "./components/HelloWorld";
export default {
  name: "App",
  components: {
    helloworld,
  },
};
</script>
```

这一点到了 Vue 3.x 中被修改为必须使用 v-is 来替代 is。如果还是使用 is，就将会被渲染成一个属性。例如，在 Vue 3.x 中继续采用上例中的写法：

```
<html>
    <head></head>
    <body>
    <div id="app">
        <select>
            <option is="optionitem"></optionitem>
        </select>
    </div>
    <script src="https://unpkg.com/vue@next"></script>
    <script>
        let {createApp} = Vue;
        let app = createApp({
            el: "#app",
            components: {
                optionitem: {
                    template: "<option >a</option>"
                }
            }
        });
        app.mount('#app');
    </script>
    </body>
</html>
```

渲染的结果将是如图 7-17 所示的结果。

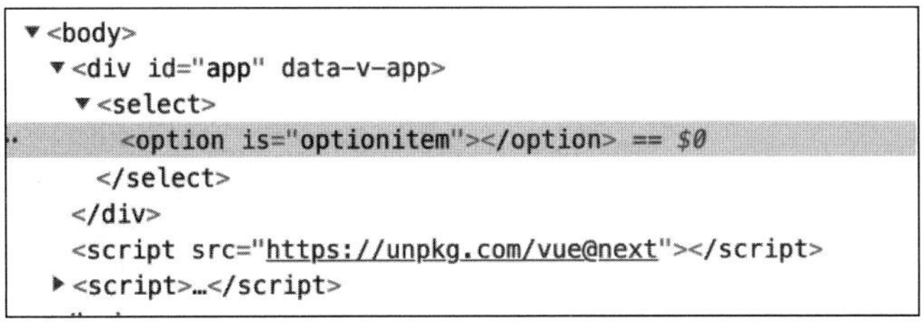

```
▼<body>
  ▼<div id="app" data-v-app>
    ▼<select>
        <option is="optionitem"></option> == $0
      </select>
    </div>
    <script src="https://unpkg.com/vue@next"></script>
  ▶<script>…</script>
```

图 7-17 渲染结果

3. 最佳实践

在 Vue 3 中既保留了 Vue 2.x 中的 is，又新增了 v-is，那么这两者有什么差别呢？可以说，先有 is 才有 v-is，is 是总管<component>标签组件和其他标签的，例如：

```
<!--以下都能够将 helloworld 组件成功渲染出来-->
<component is="helloworld"></component>
<div is="helloworld"></div>
<span is="helloworld"></span>
```

到了 Vue 3.x，is 将一部分管辖权割让给了 v-is，也就是说 is 只管<component>标签，让 v-is 管理其他标签，例如：

```
<component is="helloworld"></component>
<div v-is="helloworld"></div>
<span v-is="helloworld"></span>
```

4. 总结

了解 v-is 和 is 各自的职责范围很重要：<component>标签的交给 is 管，其他标签的交给 v-is 管。

第 8 章

特 殊 指 令

Vue 中有几个特殊的指令：第一个是 key，主要作用是防止组件复用导致的很多组件更新不正常的问题；第二个是 ref，主要是为了配合 this.$refs，用于获取组件的 DOM 节点；第三个是 is，主要用于动态组件的渲染。这几个指令不是以 v-开头的，所以单独列出了一个章节进行分析。其中，key 的原理较为复杂，需要认真分析；ref 的使用频率次之，但是一旦考虑到需要获取组件的 DOM 节点就非他莫属；is 在工作中实际使用的不是太多，但是也需要了解，在看到相关代码的时候要能够了解其含义。

8.1 key

key 用来对 VNodes 进行独一无二的标志。这一点已经在第 7.7 节 v-for 中做了详细的介绍。这一节将会从另一个角度分析 key 的作用，对比使用 key 和$forceUpdate 强制刷新组件的异同点，同时分析 key 在组件的过渡效果中发挥的作用。

1. 学习目的

（1）验证修改 key 是否可以起到替代$forceUpdate 的作用。

（2）了解 key 在 transition 中发挥的作用。

2. 实战练习

（1）通过修改 key 来强制刷新组件

App.vue 中的代码：

```
<template>
  <div id="app">
    <hello-world ref="hello"></hello-world>
    <hello-world :key="key"></hello-world>
  </div>
</template>
<script>
```

```
import HelloWorld from "./components/HelloWorld.vue";
export default {
  name: "App",
  components: {
    HelloWorld,
  },
  data() {
    return {
      key: 1,
    };
  },
  mounted() {
    setTimeout(() => {
      // 通过 key 强制刷新页面
      this.key = 2;
    }, 2000);
  },
};
</script>
```

HelloWorld.vue 中的代码:

```
<template>
  <div class="hello">HelloWorld</div>
</template>
<script>
export default {
  name: "HelloWorld",
  beforeCreate() {
    console.log("helloworld beforeCreate triggered");
  },
  created() {
    console.log("helloworld created triggered");
  },
  beforeMount() {
    console.log("helloworld beforeMount triggered");
  },
  mounted() {
    console.log("helloworld mounted triggered");
  },
  beforeUpdate() {
    console.log("helloworld beforeUpdate triggered");
  },
  updated() {
```

```
    console.log("helloworld updated triggered");
  },
  beforeUnmount() {
    console.log("helloworld beforeUnmount triggered");
  },
  unmounted() {
    console.log("helloworld unmounted triggered");
  },
};
</script>
```

2 秒后，控制台打印的信息如图 8-1 所示。

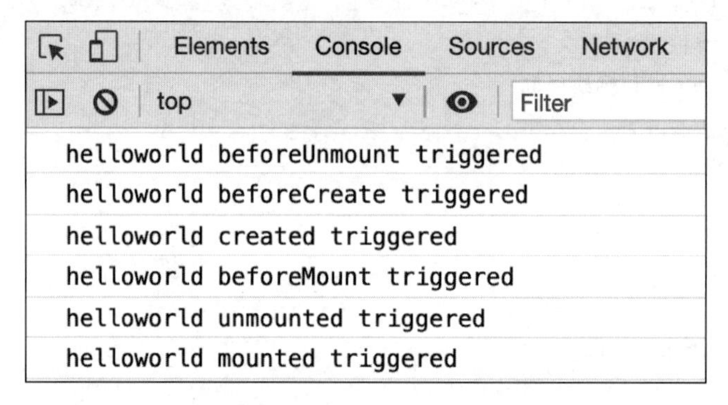

图 8-1　控制台打印的信息

（2）通过$forceUpdate 来强制刷新组件

将上述 App.vue 中 mounted 的代码修改为：

```
mounted() {
    setTimeout(() => {
      // 通过$forceUpdate 强制刷新页面
      this.$refs.hello.$forceUpdate();
    }, 2000);
  },
```

控制台中打印的信息如图 8-2 所示。

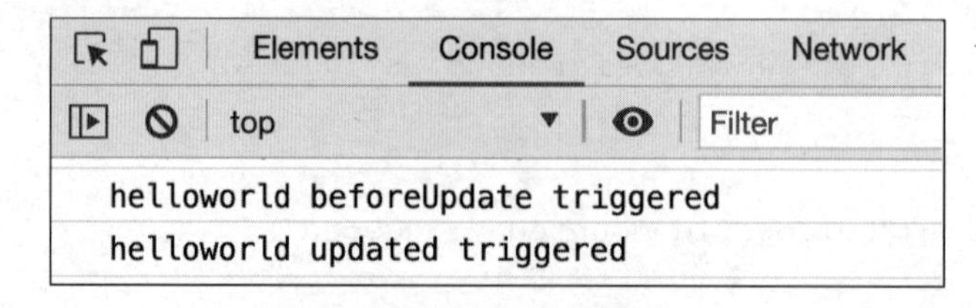

图 8-2　控制台中打印的信息

从上述打印的信息可以看出，使用 key 强制刷新组件和使用$forceUpdate 是不一样的。key 强制销毁了组件后重建，$forceUpdate 则没有销毁掉组件重建。

（3）了解key在transition中发挥的作用

App.vue中的代码如下：

```
<template>
  <div id="app">
    <button v-on:click="toggle">Toggle</button>
    <!--会产生过渡效果的情况-->
    <transition name="fade">
      <div :key="text">{{ text }}</div>
    </transition>
    <!--不会产生过渡效果的情况-->
    <transition name="fade">
      <div>{{ text }}</div>
    </transition>
  </div>
</template>
<script>
    export default {
        name: "App",
        data() {
            return {
              text: "hello",
            };
         },
        methods: {
            toggle() {
              this.text = this.text === "hello" ? "你好" : "hello";
            },
        },
    }
</script>
```

在上述代码中，使用了key的可以产生过渡效果，未使用key的就没有。

3. 最佳实践

key最常使用的场景是和for的结合使用，其原理已经在7.7节中进行了详细的介绍，接下来介绍key两个可能会使用到的场景。

（1）强制刷新页面

通过修改key可以间接地替代$forceUpdate，强制刷新页面组件。$forceUpdate的原理在6.3节中已经进行了详细的分析。接下来看一下key的简单原理。当一个组件上绑定了一个key并且这个key值发生变化的时候，绑定key值的组件将会被销毁（包括组件下面的子组件和节点），然后从无到有重新建立一个新的组件（包括子组件和节点均会重建），如图8-3所示。

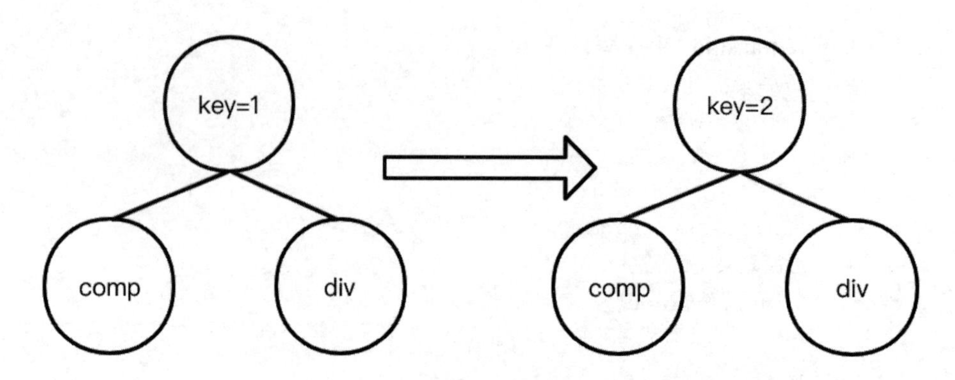

图 8-3 重新建立一个新的组件

知道了 key 和 forceUpdate 的原理后，看一下两者在强制刷新组件时的不同点。

- 如果说 forceUpdate 只是刷新页面数据，那么修改 key 可以说不光是数据，整个组件的 html 结构都重新生成了一遍。从治标的角度来看，有些场景下$forceUpdate 是无效的，直接修改 key 来刷新整个组件可能会更有效。这也意味着修改 key 会更大限度地降低页面渲染的效率。
- 使用 forceUpdate 会触发 beforeUpdate 和 updated 两个生命周期钩子。修改 key 将会触发创建组件的所有生命周期钩子(如 beforeCreate、created、beforeMount、mounted)。和使用 forceUpdate 给出的忠告一样，不到万不得已，不要通过修改 key 来避免组件数据双向绑定无效（修改数据页面没有任何变化，页面假死）等问题，而是应该找出页面无响应的真正原因。

（2）用于过渡效果

例如，下面这样一段代码就不会产生过渡效果。

```
<transition name="fade">
  <div>{{ text }}</div>
</transition>
<!--以下为过渡样式内容-->
.fade-enter-active,.fade-leave-active {
 transition: opacity 0.5s;
}
.fade-enter,.fade-leave-to {
 opacity: 0;
}
```

在 text 为 hello 的时候产生的代码是：

```
<div>hello</div>
```

在 text 的值为'你好'的时候产生的代码是：

```
<div>你好</div>
```

从 Vue 的 Virtual Dom 的 diff 算法来分析，为了提升渲染效率，完全复用了之前 p 标签的结构，然后只更新内容就可以了，无须重建一个 div 标签。这样就给 transition 带来了问题。因为 transition

要产生过渡效果，就需要从一个dom结构过渡到另一个结构。这边的dom没有任何变化，前后用的是同一个div标签，所以transition将没有任何效果。解决这个问题可以通过在p上添加key来实现。

```
<transition name="fade">
    <div :key="text">{{ text }}</div>
</transition>
```

添加了key之后，相当于告诉了Virtual Dom算法，这两个div标签是有区别的，不能复用前一个div标签来直接渲染后一个div标签中的内容，而是需要重新生成一个div标签。这样transition才会产生效果。

4. 总结

key使用最多的地方就是和v-for的配合。在少数情况下会使用key来刷新组件。在transition过渡时如果前后过渡dom结构不变，往往也需要添加key才能够产生效果。

8.2 ref

ref使用在组件或节点上，用来进行引用标注，相当于一个标志位。被标注的组件或节点将会被挂载到this.$refs上，然后可以通过this.$refs.refName来获取对应的组件或节点，方便快捷。

1. 学习目的

对普通dom节点和组件节点添加ref查看两者的差异。

2. 实战练习

App.vue中的代码如下：

```
<template>
  <div id="app">
    <div ref="first" id="first">你好</div>
    <HelloWorld ref="second" msg="Hello World!" />
  </div>
</template>
<script>
import HelloWorld from "./components/Hello";
export default {
  name: "App",
  components: {
    HelloWorld,
  },
  mounted() {
    let firstEle = document.getElementById("first");
    console.log(this.$refs.first === firstEle);
```

```
    console.log(this.$refs.second);
  },
};
</script>
```

打印出来的信息如图 8-4 所示。

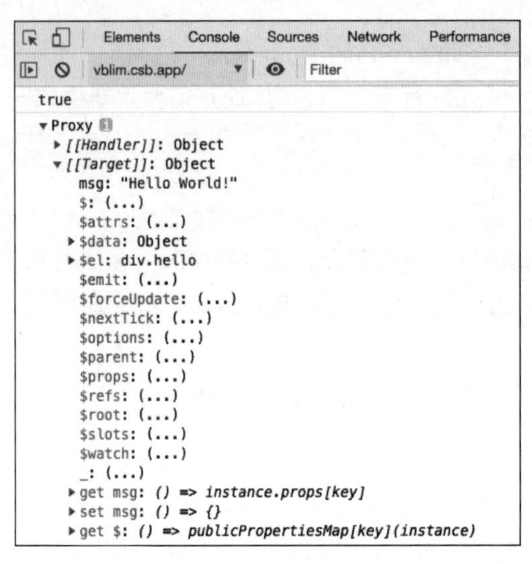

图 8-4　打印出来的信息

在普通 dom 节点上，使用 ref 和 getElementById 获取到的内容相同。在组件节点上使用 ref 获取到的是 ref 所在组件的实例，如 helloworld 组件实例。

3. 最佳实践

通过上述实战，基本算是了解了 ref 的用法。这时你有没有产生这样一个疑问：既然已经有 getElementById 可以起到与 ref 同等的效果，为什么 Vue 还提供这样一个 API 呢？

Vue 作为一个框架，它会想方设法让你用这个框架就可以解决所遇到的问题。从另一个角度讲，既然框架提供了 ref 功能，就可以不使用原生的 document.getElementById 获取节点了。在 jQuery 时代，实际都是用$('id')来获取的。严格来讲，如果在 Vue 代码中使用了大量原生操作 dom 的方式，就要看看代码是不是有问题了，因为使用框架提供的 API 来完成更便捷，除非 API 的确没有提供。

4. 总结

在 Vue 中获取 Dom 节点尽量使用 ref，获取子组件的实例也需要使用 ref。

8.3　is

is、:is、v-is 这几个概念看起来相似度很高，但是它们之间还是有所区别的。前面在 7.15 节中已经详细介绍了 v-is，这一节将会分析 is 和:is 的区别，通过三者的对比使用来达到理解和记忆的目的。

1. 学习目的

（1）is 和:is 的区别。
（2）展示使用动态 component 与使用 v-if 的优缺点。

2. 实战练习

（1）is 和:is 的区别

可以说:is 是 is 的升级版，因为 is 只能够绑定一个固定的组件，而:is 可以绑定动态的组件。在 Vue 2.x 中 is 还有使用的情况。在 Vue 3.x 中哪怕只有一个动态组件，也使用:is 来配合 component 标签。其他普通组件可以通过 v-is（参考 7.15 节）来进行绑定。也就是说，原来 Vue 2.x 中 is 的活一半分给了 v-is、一半分给了:is。

（2）展示使用动态 component 与使用 v-if 的优缺点

① 动态 component 适用于传参相同的多个组件的切换渲染。
② v-if 适用于传参形式不同的多个组件切换的渲染。

```
<!--适用于 component 的情况-->
<component
  :is="sameComp"
  :msg="'你好'"
  :age="'19'"
  :family="'A'"
></component>

<!-- 适用于 v-if 的情况-->
<comp1
  v-if="name === 'comp1'"
  :favourite="'nana'"
  :fruit="'banana'"
  :sister="'yes'"
></comp1>
<comp2
  v-if="name === 'comp2'"
  :hasWindow="'yes'"
  :wakeUpTime="'2020-1-1'"
  :brother="'yes'"
></comp2>
```

从上述样例可以看出，在实际开发中能用 component 的尽量用 component，因为使用 component 能够降低代码的重复度。在平时的开发过程中，当一句代码写了两次时，就说明有问题了，例如：

```
 <!-- 比较差的写法，代码中有大量重复的代码-->
<comp1
  v-if="name === 'comp1'"
```

```
    :msg="'你好'"
    :age="'19'"
    :family="'A'"
  ></comp1>
  <comp2
    v-if="name === 'comp2'"
   :msg="'你好'"
    :age="'19'"
    :family="'A'"
  ></comp2>

<!--以下的代码很好地解决了代码的重复问题-->
  <component
    :is="sameComp"
    :msg="'你好'"
    :age="'19'"
    :family="'A'"
  ></component>
```

你甚至可以通过如下方法在项目中不用 v-if，而是全部用 component，不过建议根据不同的场景选择 v-if 或 component。

```
<!--所有的场景均使用 component,不使用 v-if-->
<template>
   <component
       :is="componentName"
       v-bind="componentProperties">
   </component>
</template>
<script>
export default {
data() {
   return {
     componentName: "component1",
     componentProperties: {
       favourite: "'nana'",
       fruit: "'banana'",
       sister: "'yes'",
     },
   };
  }
}
</script>
```

3. 最佳实践

早期在 table，select 之类的标签中不能出现 W3C 标准之外的标签，这就使得无法在 table，select 之类的标签中插入 Vue 组件，为了解决这个问题从而提出了 is 概念。有了各种打包工具和 vue-loader 这样的编译工具之后，基本上都可以在 vue 文件中写组件代码了，也就不存在不能插入 Vue 组件的问题了。现在 is 在开发中用的实际并不多，真实项目中需要根据不同的情况切换不同的组件时用 v-if 的多（v-if 看起来比较直观）。从市面上一些大的开源项目来看，is 结合 component 的使用频率不是太高；从个人的开发经验来看，当使用 v-if 写了大量重复的代码时，建议使用 is 和 component 来替代。

4. 总结

使用频度不高，在 Vue 3.x 中基本已经被 v-is 和:is 瓜分取代其功能。

第 9 章

内置组件

内置组件和指令一样，是 Vue 为了方便开发者的开发而预先替开发者开发出来的一些组件，可以直接拿来使用。这些事先就开发好的组件和我们拿到的第三方组件 Element UI/Ant Design 是一个道理，在使用之前都需要逐个地了解组件都向外暴露了哪些变量/接口或者方法，做到磨刀不误砍柴工。只有这样在使用组件时才能够做到得心应手。本章提供的 component 主要是配合 is 进行使用，实现动态组件的加载，transition/transition-group 主要用来实现动画效果的过渡，当然动画效果的过渡也可以使用第三方插件，在下面相关章节中也做了相关介绍，keep-alive 主要用来做组件的缓存，在中大型项目中这个组件还是会经常使用到，能够有效地提高组件的加载速度，解决页面的卡慢问题。slot 主要进行插槽的定义，配合 v-slot 使用组件插槽。teleport 是 Vue 中新增的组件，主要用来将 html 结构跨 dom 进行插入，这种使用的场景不是很多，但是一旦出现就非 teleport 方案莫属了。

9.1 component

component 常用来配合:is 一起使用，实现动态组件的渲染。

1. 学习目的

在 7.15 节和 8.3 节中已经解析了 component 和 is 一起使用的场景，在 Vue 的官方文档中还提及 is 的传值可以是 string|Component，这里将 string 和 Component 的传参都完成实战展示。

2. 实战练习

以下为对 component 属性的使用。

App.vue 中的代码如下：

```
<template>
  <div id="app">
    <!--:is 传参为 string 的情况-->
    <component :is="'HelloWorld'"></component>
```

```
    <component :is="isDiv ? 'div' : 'span'">渲染原生HTML元素中的内容</component>
    <!--:is中传参为componentId的情况-->
    <component  :is="Name"></component>
  </div>
</template>
<script>
import { defineComponent, h } from "vue";
import HelloWorld from "./components/Hello";

export default {
  name: "App",
  components: {
    HelloWorld,
  },
  data() {
    return {
      isDiv: true,
    };
  },
  setup() {
    const Name = defineComponent({
      render() {
        return h("div", {}, "我是Name组件中的内容");
      },
    });
    return {
      Name,
    };
  },
};
</script>
```

Helloworld组件中代码：

```
<template>
  <div class="hello">我是helloworld组件</div>
</template>
```

页面渲染结果如图9-1所示。

我是helloworld组件
渲染原生HTML元素中的内容
我是Name组件中的内容

图9-1 页面渲染结果

渲染出来的 dom 结构如图 9-2 所示。

```
▼<div id="app" data-v-app>
  ▼<div id="app">
     <!--:is传参为string的情况-->
     <div class="hello">我是helloworld组件</div> == $0
     <div>渲染原生HTML元素中的内容</div>
     <!--:is中传参为componentId的情况-->
     <div>我是Name组件中的内容</div>
   </div>
 </div>
```

图 9-2　渲染出来的 dom 结构

从渲染出来的结果可以看出，组件渲染后就是组件中定义的代码结构，原生 HTML 元素渲染完成后就是 HTML 标签包裹<component>标签中的内容。

3. 最佳实践

在 Vue 2.x 中，component 还会与 is 或者:is 搭配使用，但是到了 Vue 3.x component 就搭配:is 使用了。

4. 总结

component 基本都是和 is 属性同时出现的。在 Vue 3.x 中，只要出现 component 基本都是搭配:is 进行使用。

9.2　transition

transition 用来进行单个节点或组件渲染效果的过渡，简化了动画效果的开发，通过 Vue 预置的 transition 组件可以完成很多相对简单的动画效果。如果需要更加复杂的动画效果，还可以使用第三方插件，本节中将介绍一个 animate.css 动画插件。

1. 学习目的

（1）完成一个 transition 的效果。

（2）结合 animate.css 使用更多的动画。

2. 实战练习

在 Vue 官网文档中，“过渡&动画”这一章节对 transition 的各个属性和方法做了详细的介绍，这里不再赘述，而是主要介绍一下如何自己完成一个动画、如何使用现成的动画库来更加快速地实现一个动画，做到事半功倍的效果。

图 9-3　动画实例

（1）完成一个旋转的动画实例，如图 9-3 所示。

```
<template>
  <div class="main-content">
    <button @click="show = !show">旋转</button>
     <transition name="rotate">
```

```
    <img
        v-if="show"
        style="width: 40px; height: 40px"
        src="./assets/logo.png" />
  </transition>
</template>
<script>
export default {
  data() { return {
      show: true,
};},};
</script>
<style>
@keyframes rotate {
  0% {
    opacity: 0;
    transform: scale(0) rotate(-180deg);
  }
  100% {
    opacity: 1;
    transform: scale (1) rotate(0deg);
  }
}
.rotate-enter-active {
  animation: rotate 0.5s;
}
.rotate-leave-active {
  animation: rotate 0.5s reverse;
}
</style>
```

（2）通过使用 animate.css 来快速实现动画，如图 9-4 所示。

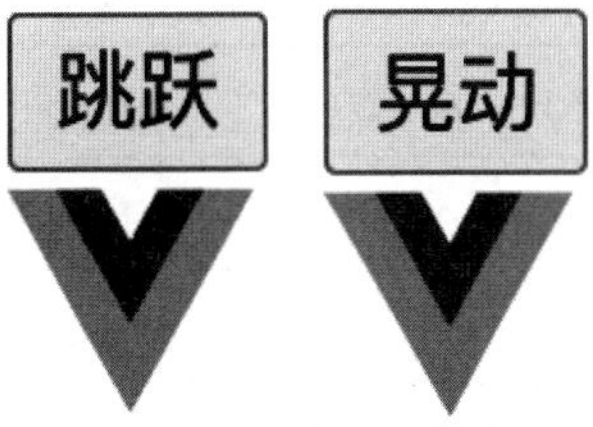

图 9-4　动画实例

```
<template>
  <div class="main-content">
    <button @click="bounce = !bounce">跳跃</button>
    <transition
      name="fade"
      enter-active-class="animate__animated animate__bounce"
      leave-active-class="animate__animated animate__bounce">
      <img
          v-show="bounce"
          style="width: 40px; height: 40px"
          src="./assets/logo.png" />
```

```
    </transition>
    <button @click="wobble = !wobble">晃动</button>
    <br />
    <transition
      name="fade"
      enter-active-class="animate__animated animate__wobble"
      leave-active-class="animate__animated animate__wobble">
      <img
          v-show="wobble"
          style="width: 40px; height: 40px"
          src="./assets/logo.png" />
    </transition>
  </div>
</template>
<script>
import "animate.css";
export default {
  data() {
    return {
      bounce: true,
      wobble: true,
    };
  },
};
</script>
```

animate.css 到底提供了多少种不同的动画呢？你可以从官网查看。目前 animate.css 提供的动画如图 9-5 所示。

Attention seekers 的动画

bounce	flash	pulse	rubberBand	shakeX
shakeY	handShake	swing	tada	wobble
jello	heartBeat			

Back entrancess 的动画

backInDown	backInLeft	backInRight	backInUp	

Back exitss 的动画

backOutDown	backOutLeft	backOutRight	backOutUp	

图 9-5 animate.css 提供的所有动画

Bouncing entrancess 的动画

bounceIn	bounceInDown	bounceInLeft	bounceInRight	bounceInUp

Bouncing exitss 的动画

bounceOut	bounceOutDown	bounceOutLeft	bounceOutRight	bounceOutUp

Fading entrancess 的动画

fadeIn	fadeInDown	fadeInDownBig	fadeInLeft	fadeInLeftBig
fadeInRight	fadeInRightBig	fadeInUp	fadeInUpBig	fadeInTopLeft
fadeInTopRight	fadeInBottomLeft	fadeInBottomRight		

Fading exitss 的动画

fadeOut	fadeOutDown	fadeOutDownBig	fadeOutLeft	fadeOutLeftBig
fadeOutRight	fadeOutRightBig	fadeOutUp	fadeOutUpBig	fadeOutTopLeft
fadeOutTopRight	fadeOutBottomLeft	fadeOutBottomRight		

Flipperss 的动画

flip	flipInX	flipInY	flipOutX	flipOutY

Lightspeeds 的动画

lightSpeedInRight	lightSpeedInLeft	lightSpeedOutRight	lightSpeedOutleft

Rotating entrances

rotateIn	rotateInDownLeft	rotateInDownRight	rotateInUpLeft	rotateInUpRight

Rotating exitss 的动画

rotateOut	rotateOutDownLeft	rotateOutDownRight	rotateOutUpLeft	rotateOutUpRight

Specialss 的动画

hinge	jackInTheBox	rollIn	rollOut	

Zooming entrancess 的动画

zoomIn	zoomInDown	zoomInLeft	zoomInRight	zoomInUp

图 9-5 animate.css 提供的所有动画（续）

Zooming exits				
zoomOut	zoomOutDown	zoomOutLeft	zoomOutRight	zoomOutUp
Sliding entrancess 的动画				
slideInDown	slideInLeft	slideInRight	slidInUp	
Sliding exitss 的动画				
slideOutDown	slideOutLeft	slideOutRight	slideOutUp	

图 9-5 animate.css 提供的所有动画（续）

3. 最佳实践

transition 在实际的使用过程中使用得并不是太多，一般使用的场景就是两个组件之间的切换过渡，这里也包括了切换不同路由页面的过渡效果（本质还是组件的切换）。如果不是组件之间的效果切换（也就是 html 标签的切换效果），基本都是可以通过 CSS3 的动画效果来实现的。在实现组件变换效果时。建议阅读一下 Vue 的官方文档“过渡 & 动画”部分，做到了解各个属性的含义，以便自己实现或对别人已经实现的动画效果实现微调。有现成资源（比如 animate.css）建议使用现成资源，毕竟这样的库实现效果比自己动手写的具有更好的兼容性。当然，如果想深入学习 animate.css 实现某个动画的细节，完全可以自己研究一下 Github 仓库的实现。

4. 总结

transition 属性和方法的细节较多，但平时深入使用较少，所以建议能够看懂官方文档，在需要使用时再查阅官方文档。如果市面上有已经实现的动画效果，就可以参考或使用别人已经实现的。

9.3 transition-group

transition-group 可以为多个节点或组件添加动画效果。这个和 transition 只能包含一个节点或组件是相对的。本节主要通过一个实例来了解 transition-group 的使用。

1. 学习目的

实现一个 transition-group 的效果。

2. 实战练习

```
<template>
  <div id="app">
    <button @click="add">添加一项</button>
    <transition-group
      name="fade"
      tag="ul"
      enter-active-class="animate__animated animate__bounce"
```

```
    >
      <li v-for="item in items" :key="item">当前添加的 Id 为: {{ item }}</li>
    </transition-group>
  </div>
</template>
<script>
import "animate.css";
export default {
  name: "App",
  data() {
    return {
      startNum: 1,
      items: [1],
    };
  },
  methods: {
    add: function () {
      this.items.push(++this.startNum);
    },
  },
};
</script>
```

上述代码使得列表中添加的新项都跳动着出现在用户的面前。

3. 最佳实践

transition-group 在实际开发中使用的较多的就是和 ul 中的 li 结合（或者更具体的是结合列表使用比较多），使得每一项都能够以动画的方式过渡出现。transition-group 和 9.2 节中的 transition 的区别如下：

（1）<transition>里只能包裹一个元素。

（2）<transition-group>中可以包含多个元素，并且每一个元素都要设置独一无二的 key。

transition-group 在做商业项目时使用的频度是较低的，除非涉及娱乐游戏等需要动画较多的一些场景。因为使用频度低，所以建议做到熟悉文档，在实际使用时能够查阅文档使用即可，无须强行记忆。

4. 总结

当需要包裹多个元素并且需要对其中的每一项都使用动画过渡效果时考虑使用 transition-group。

9.4 keep-alive

当一个较为复杂、比较重型的组件被频繁切换时，在没有缓存的情况下，组件每次都经历销毁和重建这样一个生命周期很消耗性能。这时可以考虑使用 keep-alive 来对组件的很多状态进行缓存，避免每次都被销毁，这样在再次使用时就可以从缓存中直接获取大量的状态，提高了组件的渲染效率，加快了页面的渲染，能够实现比没有缓存更好的用户体验。

1. 学习目的

（1）了解 keep-alive 的工作原理。

（2）组件和 vue-router 是 keep-alive 使用最多的应用场景，实战展示一下这些场景。

2. 实战练习

在 Vue 3.x 的源代码中，可以找到 KeepAlive.ts 文件，这个就是实现 keep-alive 功能的源码。在这个源码中挑出最核心的一段代码，看一下 keep-alive 的工作原理。

```
// cache sub tree after render
let pendingCacheKey: CacheKey | null = null
const cacheSubtree = () => {
  if (pendingCacheKey != null) {
    cache.set(pendingCacheKey, getInnerChild(instance.subTree))
  }
}
onMounted(cacheSubtree)
onUpdated(cacheSubtree)
```

其中最重要的语句是：

```
cache.set(pendingCacheKey, getInnerChild(instance.subTree))
```

keep-alive 的工作原理实际上就是将 subTree 缓存了起来。所以，在切换到前一个组件的时候，前一个组件还可以保持原有的样子。keep-alive 组件中有了这几句代码，就好比将刚才使用组件的所有状态都速冻了。再次使用到这个组件的时候，就会迅速解冻，将之前的一切状态完好地展示在面前。如果没有使用 keep-alive，组件将从无到有重新生成一个，其中的状态都是重新生成的，也就是说之前的所有状态都丢失了。

keep-alive 最常见的是和路由 vue-router 的配合使用。因为 vue-router 是根据不同的 url 地址切换不同的组件来渲染页面的，所以 keep-alive 就是和组件切换的一个配合，保存住组件被切走之前的状态。

3. 最佳实践

在开发中，如果是同一个页面，就经常会遇到类似 tabs 下面几个组件的切换，同时组件还需要保存组件被切换走之前的状态，或者在不同的路由信息切换单页面应用中某一部分的组件，需要切换到上一个路由时还保持原有路由模样，这些都需要使用 keep-alive。

在某些特殊的场景下，几个 tabs 或者几个路由下面有的需要缓存，有的不需要缓存。这时如果是在 tabs 中就需要使用 exclude 或者 include 来排除不需要缓存的组件。如果是在路由中，就可以使用 exclude/include 来区分需不需要缓存的路由路径，或者使用路由配置完成。路由配置如下：

```
export default [
  {
   path: '/',
   name: 'index',
   component: Index,
   meta: {
     keepAlive: true // true 表示需要被缓存，false 表示无须缓存
   }
  }]
```

在页面中使用如下路由：

```
<keep-alive>
   <router-view v-if="$route.meta.keepAlive"></router-view>
</keep-alive>
<router-view v-if="!$route.meta.keepAlive"></router-view>
```

还有一点需要注意，就是被 keep-alive 包裹的组件触发的生命周期钩子有所不同，第一次加载时触发的生命周期钩子为 created→mounted→activated，组件退出时触发 deactivated。再次激活组件时不会走上面的生命周期链条，只会触发 activated 钩子。

4. 总结

在组件或路由被来回切换时，需要保存组件被切走前的状态时要使用 keep-alive。

9.5 slot

slot 是指插槽定义的地方，而不是插槽使用的地方，这两者需要进行区分。本节将提供一个实例来了解插槽的定义和使用上的差别，切不可混为一谈。

1. 学习目的

完成一个 slot 的使用样例，区分定义插槽和使用插槽在概念上的不同之处。

2. 实战练习

插槽的定义：

```
<!--helloworld 组件的定义-->
<template>
```

```
  <div>
    <!--定义一个默认插槽-->
    <slot></slot>
    <!--定义一个具名插槽 pet-->
    <slot name="pet"></slot>
  </div>
</template>
```

插槽的使用：

```
<template>
  <div id="app">
    <HelloWorld>
      <!--向默认插槽中插入内容-->
      <h3>向默认插槽中插入内容</h3>
      <!--向 pet 插槽中插入内容-->
      <template v-slot:pet>
        <div>向 pet 插槽中插入内容</div>
      </template>
    </HelloWorld>
  </div>
</template>
```

3. 最佳实践

这里所讲的 slot 和前几个章节中提及到的（7.11 v-slot）向插槽中安放内容即使用插槽的 slot 不是一个概念，请注意不要混淆，特别是在 Vue 2.x 时代（名称听上去一样）。实际上，Vue 之所以推出 v-slot 来替代原有的 slot、slot-scope、scope，一方面是解决概念及用法的混淆问题（在新版中直接使用 slot/v-slot 两个概念，slot 负责定义插槽，v-slot 负责使用插槽），另一方面 v-slot 符合 Vue 中的指令都是以“v-”开头的特点，也算是统一了 Vue 的指令集。

4. 总结

注意区分定义插槽的 slot 和使用插槽的 slot 的区别，尽量使用 Vue 3.x 中的 slot/v-slot 用法，因为旧版的插槽的语法规则会使人凌乱，带来一定量的理解成本。

9.6 teleport

teleport 是在 Vue 3.x 中新增的一个组件，可以将 html 结构跨 dom 进行插入。这样就使得不连续的几段代码可以写入到一个组件中，然后通过 teleport 进行分发，插入到不同的 html 结构中去。这个组件也是为了方便开发者的开发而新增的，但是在实际开发中使用不多。在特殊的情况下，考虑使用 teleport 会带来便利。

1. 学习目的

使用 teleport 和不使用 teleport 的对比。

2. 实战练习

实现一个按钮，单击之后，可以在全屏的中央弹出提示“感谢您的阅读!!!”，同时实现一个居于“内容部分”右下角的“收藏”按钮。需要实现的最终效果图如图 9-6 所示。

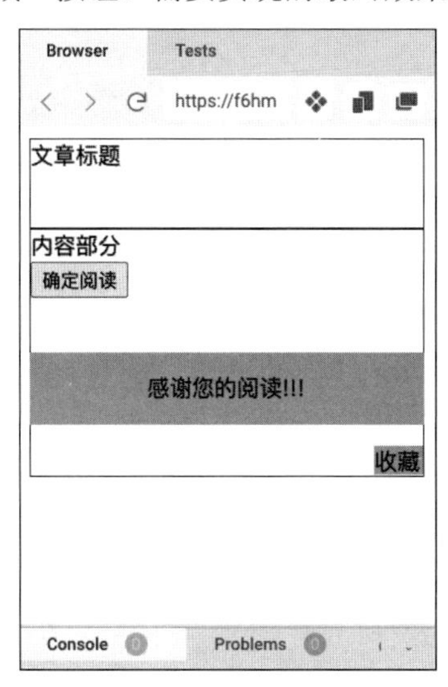

图 9-6 最终效果图

不使用分离组件的代码如下：

```
<template>
  <div id="app">
    <div class="title">文章标题</div>
    <div class="content">
      内容部分<br />
      <button @click="show = true">确定阅读</button>
      <div class="up">收藏</div>
    </div>
    <div class="warning" v-if="show">感谢您的阅读!!!</div>
  </div>
</template>

<script>
export default {
  name: "App",
  data() {
    return {
      show: false,
```

```
    };
  },
};
</script>

<style>
#app {
  height: 100vh;
  position: relative;
}
.warning {
  position: absolute;
  height: 50px;
  line-height: 50px;
  width: 100%;
  background-color: #bbb;
  text-align: center;
  top: 50%;
  margin-top: -25px;
}
.title {
  height: 60px;
  border: 1px solid #000;
}
.content {
  height: 170px;
  border: 1px solid #000;
  overflow-y: scroll;
  position: relative;
}
.content-area {
  height: 1000px;
}
.up {
  width: 34px;
  height: 20px;
  cursor: pointer;
  position: absolute;
  background-color: #bbb;
  right: 0px;
  bottom: 0px;
}
</style>
```

这时因为其他组件中都会使用到“确认阅读”按钮，单击之后就会弹出一个提示，这时要求你将它们封装成一个组件以方便在其他组件中使用。你可能会觉得挺简单，将两个代码放到一个组件中就行了，例如：

ReadAlert.vue 中的代码：

```
<template>
  <div>
    <button @click="show = true">确定阅读</button>
    <div class="warning" v-if="show">感谢您的阅读!!!</div>
  </div>
</template>
<script>
export default {
  name: "ReadAlert",
  data() {
    return {
      show: false,
    };
  },
};
</script>
```

App.vue 中的代码：

```
<template>
  <div id="app">
    <div class="title">文章标题</div>
    <div class="content">
      内容部分<br />
      <read-alert></read-alert>
      <div class="up">收藏</div>
    </div>
  </div>
</template>
```

单击“确认阅读”后出现弹框，但是弹框是有问题的，没有垂直居于页面的中间，而是垂直居于“内容部分”的中间，如图 9-7 所示。

这时使用 teleport 就能很方便地解决这个问题。在 ReadAlert.vue 中修改代码如下：

```
<template>
  <div>
    <button @click="show = true">确定阅读</button>
    <teleport to="body">
      <div class="warning" v-if="show">感谢您的阅读!!!</div>
```

```
    </teleport>
  </div>
</template>
```

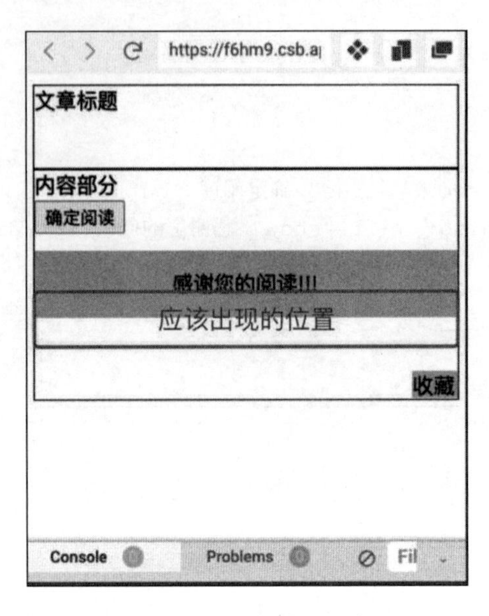

图 9-7 弹框位置不正确

这样提示框就会被插入到 DOM 树的节点中，有了 teleport 就能够将在 DOM 中不是连续出现的几段代码捆绑到一个组件中。在该组件中使用 teleport 进行分发就可以了。

3. 最佳实践

teleport 在英文中的含义就有远距离传送。在 Vue 组件中，可以将 html 结构跨 DOM 进行插入。这样使得不连续的几段代码可以写入到一个组件中，然后通过 teleport 进行分发，插入到不同的 html 结构中去。

4. 总结

如果需要 HTML 结构跨标签进行分发，就需要使用 Vue 的内置组件 teleport。

第 10 章

响应性 API

从 Vue 3.x 时代开始就引入了响应性 API，使用响应性 API 对于 tree-shaking 更加友好。Vue 从 2.x 时代的 23KB 左右被压缩到 Vue 3.x 时代的 10KB 左右，tree-shaking 功不可没。为了使 Vue 逐渐从 Option API 向 Composition API 过渡，有必要将 Option API 中的功能逐渐分离成一个一个的方法，以便于在 Composition API 中使用。Vue 作者原本的意图是在 Vue 3.x 中直接向 Composition API 过渡，但是在后来征求了开发者的意见后同时保留了 Option API 和 Composition API 两种开发模式。如果你是一个追求更高效、更稳定的开发者，那么建议你逐步向 Composition API 过渡。要向 Composition API 过渡，就少不了对响应式 API 的学习。这一章将从三个大的方向来学习响应式 API：第一点是响应式基础 API，主要用来替代 Option API 在 Data 函数中关于对象数据的定义；第二点是 Refs，主要用来替代 Option API 在 Data 函数中关于基础数据类型的定义；第三点是 computed 和 watch，就是对 Option API 中 computed 和 watch 的替代。整个章节基本都是替代 Option API 对数据的一个定义和处理。

10.1 响应式基础 API

响应式基础 API 中的主角就是 reactive，其他的相当于是一些配套处理的函数或方法。从整体的使用频率上来讲，reactive 也是使用最多的，所以需要重点掌握，其他的配套函数或方法也要有充分的认识和理解。

10.1.1 reactive

reactive 的使用会给传入的对象添加 ES2015 中的 Proxy。一旦添加了 Proxy 就将会影响到每一个属性，这样的好处是其中任何一个对象属性的变化都能够被劫持到。reactive 在组合式 API 的出镜率非常高，就如同选项式 API 中 data 的出镜率。

1. 学习目的

（1）使用 reactive 和使用 data 定义数据的对比。

（2）使用 reactive 和使用 ref 定义数据的差别。

2. 实战练习

（1）使用 reactive 和使用 data 定义数据的对比

App.vue 中的代码如下：

```
<template>
  <div id="app">
    dataObj: {{ obj.name }}
    <br />
    reactiveObj: {{ reactiveObj.name }}
  </div>
</template>
<script>
import { reactive } from "vue";
export default {
  name: "App",
  data() {
    return {
      obj: {
        name: "jackie",
      },
    };
  },
  mounted() {
    console.log("dataObj", this.obj);
    setTimeout(() => {
      this.obj.name = "jackieyin";
    }, 2000);
  },
  setup() {
    let obj = { name: "jackie" };
    let reactiveObj = reactive(obj);
    console.log("reactiveObj", reactiveObj);
    setTimeout(() => {
      reactiveObj.name = "jackieyin";
    }, 2000);
    return {
      reactiveObj,
    };
  },
};
</script>
```

控制台中打印的结果如图 10-1 所示。

```
reactiveObj ▼Proxy {name: "jackie"}
              ▶[[Handler]]: Object
              ▼[[Target]]: Object
                 name: "jackieyin"
               ▶__proto__: Object
              [[IsRevoked]]: false
dataObj ▼Proxy {name: "jackie"}
          ▶[[Handler]]: Object
          ▼[[Target]]: Object
             name: "jackieyin"
           ▶__proto__: Object
          [[IsRevoked]]: false
```

图 10-1　打印出的结果

加载时界面如图 10-2 所示，2 秒后界面如图 10-3 所示。

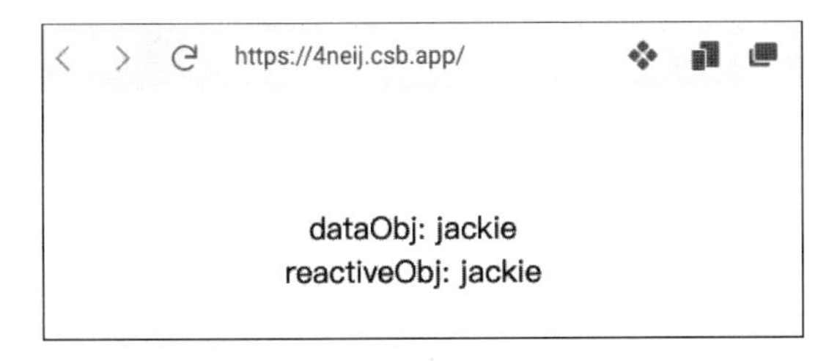

图 10-2　初始界面加载效果

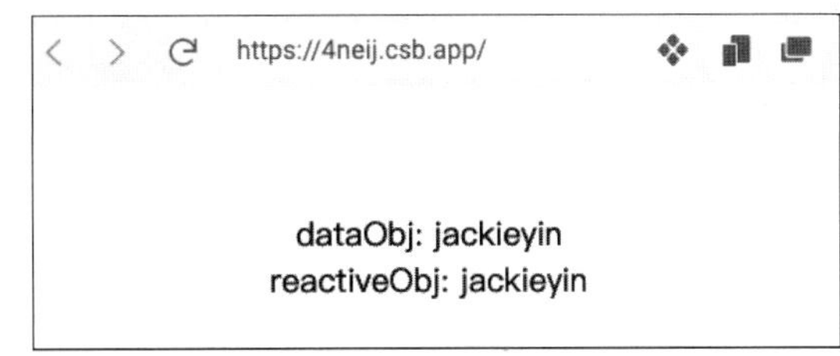

图 10-3　2 秒后界面加载的效果

setup 执行的时间点如下：

- beforeCreate：组件刚被创建，data 还没初始化。
- setup 函数：在 beforeCreate 和 created 之间执行。
- created：组件刚被创建，data 已经初始化。

在 setup 函数中，因为 data 还没有完成初始化，所以无法使用 data 中的数据，同时 setup 为了避免开发者错误地从 this 中获取 data 中的数据，已经将 this 修改为 undefined。如果要在 setup 中定义响应式的对象，就可以使用 reactive 来定义，相当于在 data 中定义。

（2）使用 reactive 和使用 ref 定义数据的差别

App.vue 中的代码如下：

```
<template>
  <div id="app">
    <!--引用类型的处理-->
    refObj 中获取的值：{{ refObjValue.name }}<br />
    reactiveObj 中获取的值：{{ reactiveObj.name }}<br />
    <!--基本类型的处理-->
    refAge 中的值： {{ refAge }}
  </div>
</template>
```

```
<script>
import { ref, reactive } from "vue";
export default {
  name: "App",
  setup() {
    // 对于应用类型的处理
    let obj = { name: "jackie" };
    let refObj = ref(obj);
    let reactiveObj = reactive(obj);
    console.log(refObj);
    console.log(
      "判断 refObj.value 是否就是 reactiveObj",
      refObj.value === reactiveObj
    );
    console.log(reactiveObj);
    setTimeout(() => {
      refObj.value.name = "jackieyin";
      reactiveObj.name = "jacieyin";
    }, 2000);

    // 对于基本数值类型的处理
    let age = 18;
    const refAge = ref(age);
    setTimeout(() => {
      refAge.value++;
    }, 2000);

    return {
      refObjValue: refObj.value,
      reactiveObj,
      refAge,
    };
  },
};
</script>
```

控制台中打印出来的结果如图 10-4 所示。

从打印的结果可以看出，使用 ref 和使用 reactive 来处理一个对象能达到一模一样的效果。实际上，ref 就是通过 reactive 来包装一个对象，然后将值传递给该对象的 value 属性，这就是为什么使用 ref 的时候总是要加上一个.value。为了便于理解，可以认为 ref(obj)约等于 reactive({value: obj})。

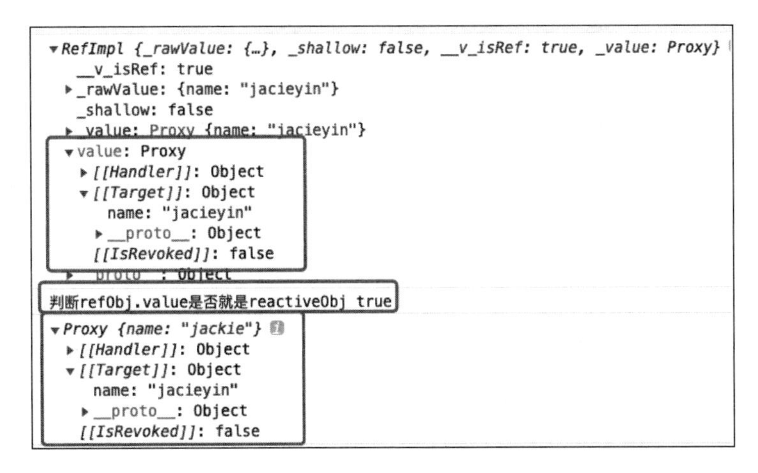

图 10-4 控制台中打印出来的结果

加载出来的页面如图 10-5 所示，2 秒之后的页面如图 10-6 所示。

图 10-5 初始加载页面

图 10-6 2 秒之后的页面

从显示的结果可以看出，双向绑定都生效了，2 秒后页面的数据变化了。对于引用类型（如 Object、Array）的数据，如果使用 ref，就需要加一个 value 进行导出，比较麻烦，所以建议使用 reactive 进行处理。对于基本数据类型（如 Number、String、Boolean 等），因为 reactive 不接受这样的传值，所以建议使用 ref 进行定义。基础数据类型在<template>模板中使用时不用加 value，Vue 会自动处理，所以很方便。

3. 最佳实践

reactive 是在 setup 函数中使用，用来发挥和 data 中定义响应数据一样的效果的函数。之前在 data 中既可以定义基本数据类型的数据，如 Number、String、Boolean 等，又可以定义引用类型的数据，如 Object、Array。在 setup 中需要使用两个函数来取代 data：一个是 ref（见 10.2.1 小节），定义基础数据类型；一个是 reactive，定义引用类型。

4. 总结

reactive 用来在 setup 函数中定义引用数据类型。

10.1.2 readonly

readonly 和 JavaScript 语言中的 const 定义数据很相近。一旦使用了 readonly 定义，之后就不能够被再次修改了。

1. 学习目的

readonly 在 reactive 和 ref 中的使用。

2. 实战练习

App.vue 中的代码如下：

```
<script>
import { ref, reactive, readonly } from "vue";
export default {
  name: "App",
  setup() {
    let age = readonly(ref(18));
    age.value++;
    let obj = readonly(reactive({ name: "jackie" }));
    obj.name = "jackieyin";
  },
};
</script>
```

上述代码执行后会出现如下警告：

```
⚠ ▸Set operation on key "value" failed: target is readonly.
  ▸RefImpl {_rawValue: 18, _shallow: false, __v_isRef: true, _value: 18}
⚠ ▸Set operation on key "name" failed: target is readonly. ▸Proxy {name: "jackie"}
```

一旦使用 readonly 定义的 ref、reactive 数据，以后就不能够被修改。

3. 最佳实践

readonly 在实际开发中使用的不是很多，它的作用和 JS 中 const 对变量的定义类似，一旦定义就不能够被修改。当防止响应式数据被修改时，可以使用 readonly 来进行加锁。

4. 总结

类似 JS 中的 const。使用 readonly 定义后，数据不能够被修改。

10.1.3 isProxy

isProxy 是用来进行代理的检测。

1. 学习目的

检测 isProxy 是否可以检测出 reactive 和 readonly 创建的代理。

2. 实战练习

app.vue 中的代码如下：

```
<script>
import { ref, reactive, isProxy, readonly } from "vue";
export default {
  name: "App",
  setup() {
    let age = ref(18);
    let ageReadOnly = readonly(age);
    console.log("ref 定义的内容使用 isProxy 检测", isProxy(age));
    console.log(
      "readonly 包裹 ref 定义的内容使用 isProxy 检测",
      isProxy(ageReadOnly)
    );

    let obj = reactive({ name: "jackie" });
    let objReadOnly = readonly(obj);
    console.log("reactive 定义的内容使用 isProxy 检测", isProxy(obj));
    console.log(
      "readonly 包裹 reactive 定义的内容使用 isProxy 检测",
      isProxy(objReadOnly)
    );

    let number = 18;
    console.log("JS 基础数据类型使用 isProxy 检测", isProxy(number));
    let jsObj = { name: "jackie" };
    console.log("JS 引用数据类型使用 isProxy 检测", isProxy(jsObj));
  },
};
</script>
```

控制台中打印出的结果如图 10-7 所示。

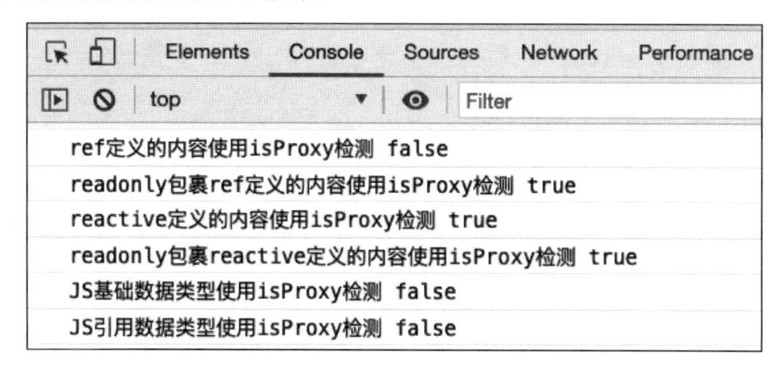

图 10-7　控制台中打印出的结果

3. 最佳实践

从上例可见，isProxy 是用来检查对象是 reactive 还是 readonly 创建的。

4. 总结

isProxy 除了可以对 reactive 进行判断之外，不要遗漏其还可以对 readonly 进行判断。

10.1.4 isReactive

isReactive 检查对象是否是 reactive 创建的响应式 proxy。

1. 学习目的

使用 isReactive 检测多种情况，查看 isReactive 是否只能检测 reactive 创建的 proxy。

2. 实战练习

App.vue 中的代码如下：

```
<script>
import { ref, reactive, isReactive, readonly } from "vue";
export default {
  name: "App",
  setup() {
    let age = ref(18);
    let ageReadOnly = readonly(age);
    console.log("ref 定义的内容使用 isReactive 检测", isReactive(age));
    console.log(
      "readonly 包裹 ref 定义的内容使用 isReactive 检测",
      isReactive(ageReadOnly)
    );

    let obj = reactive({ name: "jackie" });
    let objReadOnly = readonly(obj);
    console.log("reactive 定义的内容使用 isReactive 检测", isReactive(obj));
    console.log(
      "readonly 包裹 reactive 定义的内容使用 isReactive 检测",
      isReactive(objReadOnly)
    );

    let number = 18;
    console.log("JS 基础数据类型使用 isReactive 检测", isReactive(number));

    let jsObj = { name: "jackie" };
    console.log("JS 引用数据类型使用 isReactive 检测", isReactive(jsObj));
    console.log(
      "readonly 包裹 JS 引用数据类型使用 isReactive 检测",
      isReactive(readonly(jsObj))
    );
```

```
  },
};
</script>
```

控制台中打印的信息如图 10-8 所示。

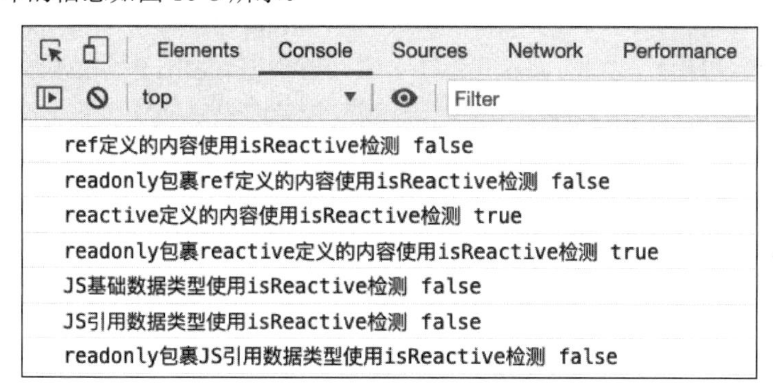

图 10-8　控制台中打印的信息

3. 最佳实践

从控制台中打印出的信息可以看出，isReactive 除了可以检测 reactive 创建的对象，还可以检测被 readonly 包裹的 reactive 创建的对象。

4. 总结

isReactive 是用来判断响应对象，同时注意也可以对 readonly 包裹对象进行判断。

10.1.5　isReadonly

检查对象是否是由 readonly 创建的只读代理。

1. 学习目的

查看 isReadonly 能够检测出的内容。

2. 实战练习

app.vue 中的内容如下：

```
<script>
import { ref, reactive, readonly, isReadonly } from "vue";
export default {
  name: "App",
  setup() {
    let age = ref(18);
    let ageReadOnly = readonly(age);
    console.log("ref 定义的内容使用 isReadonly 检测", isReadonly(age));
    console.log(
      "readonly 包裹 ref 定义的内容使用 isReadonly 检测",
```

```
      isReadonly(ageReadOnly)
    );

    let obj = reactive({ name: "jackie" });
    let objReadOnly = readonly(obj);
    console.log("reactive 定义的内容使用 isReadonly 检测", isReadonly(obj));
    console.log(
      "readonly 包裹 reactive 定义的内容使用 isReadonly 检测",
      isReadonly(objReadOnly)
    );

    let number = 18;
    console.log("JS 基础数据类型使用 isReadonly 检测", isReadonly(number));

    let jsObj = { name: "jackie" };
    console.log("JS 引用数据类型使用 isReadonly 检测", isReadonly(jsObj));
    console.log(
      "readonly 包裹 JS 引用数据类型使用 isReadonly 检测",
      isReadonly(readonly(jsObj))
    );
  },
};
</script>
```

控制台打印的信息如图 10-9 所示。

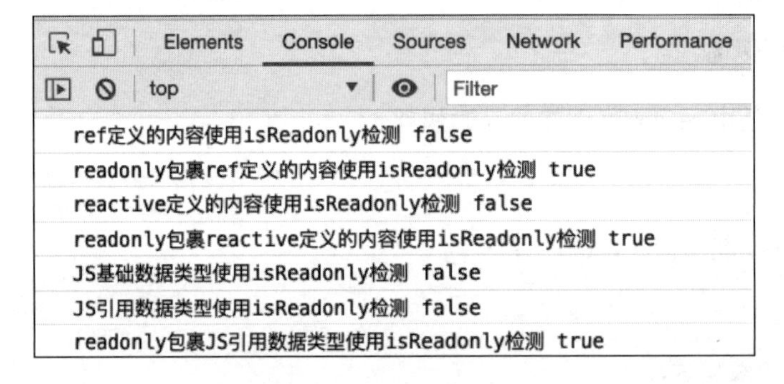

图 10-9 控制台打印的信息

3. 最佳实践

从打印的结果可以看出，只有使用 readonly 包裹的内容才会被 isReadonly 检测为 true。

4. 总结

isReadonly 只能对 readonly 包裹的内容进行判断。

10.1.6 toRaw

toRaw 可以将由 reactive 或 readonly 代理的对象还原成原始的值。

1. 学习目的

查看 toRaw 转换 reactive 和 readonly 后与原始值是否相等。

2. 实战练习

app.vue 中的值如下：

```
<script>
import { reactive, readonly, toRaw } from "vue";
export default {
  name: "App",
  setup() {
    let obj = { name: "jackie" };
    let objReactive = reactive(obj);
    let objReactiveReadonly = readonly(objReactive);

    console.log(
      "toRaw 转换 reactive 值后与原始值是否相等",
      toRaw(objReactive) === obj
    );
    console.log(
      "toRaw 转换 readonly 值后与 reactive 值是否相等",
      toRaw(objReactiveReadonly) === objReactive
    );
    console.log(
      "toRaw 转换 readonly 值后与原始值是否相等",
      toRaw(objReactiveReadonly) === obj
    );
  },
};
</script>
```

打印出的结果如图 10-10 所示。

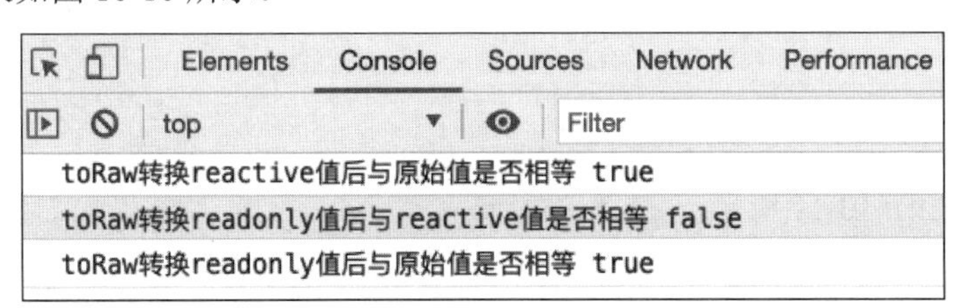

图 10-10 控制台打印出的结果

从结果可以看出，readonly 和 reactive 的值经过 toRaw 的转换后都和原始值 obj 相同，即 toRaw 将 readonly 和 reactive 的值转换为了原始值。

3. 最佳实践

toRaw 在实际开发中使用较少，除非在一些场景下需要将代理过的值还原成为一个干净的对象。

4. 总结

toRaw 将 readonly 和 reactive 的值转换为了原始值。

10.1.7 markRaw

数据一旦经过 markRaw 处理后就不能够再被转换为代理，换句话说如果数据经过 markRaw 处理后再被 reactive 处理，那么返回的还是原始值，不是被 Proxy 处理过的值。

1. 学习目的

测试 markRaw 的数据是否还可以被 reactive 代理。

2. 实战练习

app.vue 中的代码如下：

```
<script>
import { markRaw, reactive } from "vue";
export default {
  name: "App",
  setup() {
    let obj = {
      name: "jackie",
    };
    let rawObj = markRaw(obj);
    let rowObjReactive = reactive(rawObj);
    console.log(
      "使用 markRaw 处理过的 obj Reactive 和原始值 obj 是否相同",
      rowObjReactive === obj
    );
  },
};
</script>
```

打印出的内容如图 10-11 所示。

图 10-11 控制台打印出的内容

从打印的结果可以看出，数据一旦经过 markRaw 的处理就不能够被代理了，会一直保持原始引用类型的地址。

3. 最佳实践

有些不需要处理成响应式数据的可以使用 markRaw 进行处理，使用场景不多。

4. 总结

在特殊情况下数据无须响应性，考虑使用 markRaw。

10.1.8 shallowReactive

使用 shallowReactive 处理过的对象的一级属性是有响应性的。使用 shallowReactive 处理过的对象的二级及以上属性没有响应性。当一个对象的层级较深同时二级以上的层级不会使用时，使用 shallowReactive 将会比 reactive 更为高效。

1. 学习目的

shallowReactive 处理原始数据后对比一级、二级及二级以上的属性。

2. 实战练习

app.vue 中的代码如下：

```
<template>
 <div>
  <div>objShallowReactive id: {{ objShallowReactive.id }}</div>
 </div>
</template>
<script>
import { shallowReactive } from "vue";
export default {
  name: "App",
  setup() {
    let obj = {
      id: 1,
      family: {
        id: 1,
      },
    };
    let objShallowReactive = shallowReactive(obj);
    setTimeout(() => {
      objShallowReactive.id++;
    }, 2000);
    return {
```

```
      objShallowReactive,
    };
  },
};
</script>
```

初始加载页面如图 10-12 所示。

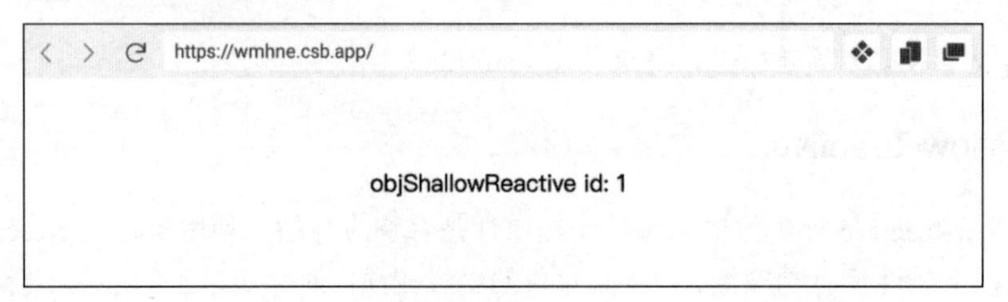

图 10-12　初始加载页面

2 秒后界面显示如图 10-13 所示。

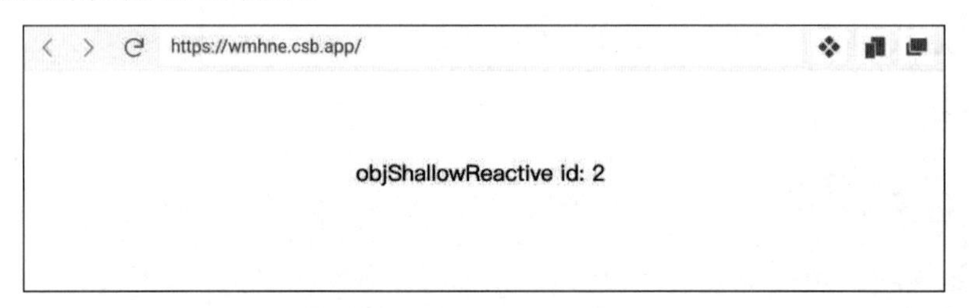

图 10-13　界面显示（2 秒后）

从显示的结果可以看出数据变化后反映到了页面上，说明使用 shallowReactive 处理过的对象的一级属性是有响应性的。

修改 app.vue 中的代码如下：

```
<template>
  <div>
    <div>shallowReactive familyId: {{ objShallowReactive.family.id }}</div>
  </div>
</template>
<script>
import { shallowReactive } from "vue";
export default {
  name: "App",
  setup() {
    let obj = {
      id: 1,
      family: {
        id: 1,
      },
```

```
    };
    let objShallowReactive = shallowReactive(obj);
    setTimeout(() => {
      objShallowReactive.family.id++;
    }, 2000);
    return {
      objShallowReactive,
    };
  },
};
</script>
```

页面加载后如图 10-14 所示。

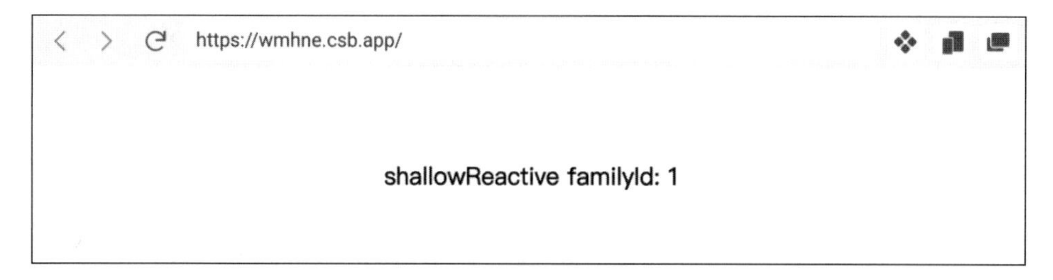

图 10-14 页面加载后的显示

2 秒后的页面如图 10-15 所示。

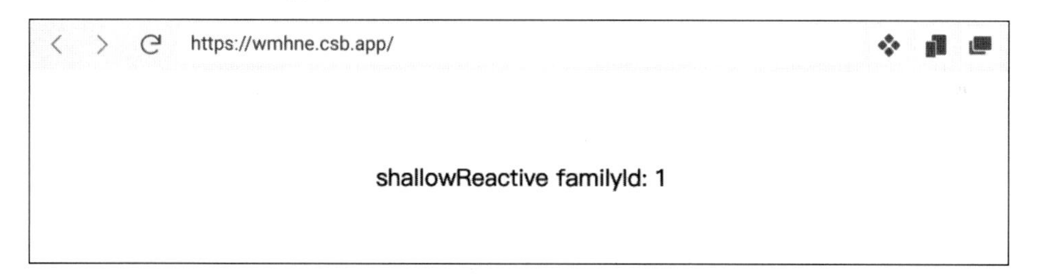

图 10-15 2 秒后的页面显示

从结果可以看出，使用 shallowReactive 处理过的对象的二级及以上属性已经没有响应性。

3. 最佳实践

shallowReactive 使用频率也非常低。如果项目中有很多层级非常深的对象，那么除了对象的第一层属性之外，其他嵌套的属性可能均不会在页面中使用。这时使用 reactive(obj)有些浪费性能，因为嵌入的属性根本不会用到双向绑定，却添加了代理。这时可以使用 shallowReactive 来进行处理，以提高性能。

4. 总结

当一个对象不需要对嵌入的属性进行代理时，可以考虑使用 shallowReactive。

10.1.9 shallowReadonly

shallowReadonly 处理过的对象的第一层属性为只读属性，不能够被修改。使用 shallowReadonly 处理过的对象的二级以及二级以上的属性依然能够被修改。因为其功能的特异性，所以能够使用的场景并不多，了解即可。

1. 学习目的

shallowReadonly 处理原始数据后对比一级、二级及二级以上属性。

2. 实战练习

app.vue 中的代码如下：

```
<template>
  <div id="app">
    <div>objShallowReadonly id: {{ objShallowReadonly.id }}</div>
  </div>
</template>
<script>
import { shallowReadonly, reactive} from "vue";
export default {
  name: "App",
  setup() {
    let obj = {
      id: 1,
      family: {
        id: 1,
      },
    };
    let objShallowReadonly = shallowReadonly(reactive
(obj));
    setTimeout(() => {
      objShallowReadonly.id++;
    }, 2000);
    return {
      objShallowReadonly,
    };
  },
};
</script>
```

2 秒后，控制台打印出如下信息：

```
▸Set operation on key "id" failed: target is readonly. ▸{id: 1, family: {…}}
```

可见，使用 shallowReadonly 处理过的对象的第一层属性为只读属性，不能够被修改。

修改 app.vue 中的代码如下：

```
<template>
  <div id="app">
    <div>objShallowReadonly familyId: {{ objShallowReadonly.family.id }}
</div>
  </div>
</template>

<script>
import { shallowReadonly, reactive } from "vue";
export default {
  name: "App",
  setup() {
    let obj = {
      id: 1,
      family: {
        id: 1,
      },
    };
    let objShallowReadonly = shallowReadonly(reactive(obj));
    setTimeout(() => {
      objShallowReadonly.family.id++;
    }, 2000);
    return {
      objShallowReadonly,
    };
  },
};
</script>
```

初始页面加载效果如图 10-16 所示。

图 10-16　初始页面加载效果

2 秒后页面如图 10-17 所示。

图 10-17　2 秒后页面显示效果

可见使用 shallowReadonly 处理过的对象的二级以及二级以上的属性依然是能够被修改的。

3. 最佳实践

shallowReadonly 在实际开发中使用得非常少，在某些需要提升性能、测试或特殊场景下会使用到。

4. 总结

shallowReadonly 处理对象，使对象一级属性不能够被修改，但是二级及二级以上属性依然可以被修改。

10.2 refs

本节主要介绍对普通数据类型的处理，其中的主要角色是 ref，其他的一些接口相当于辅助函数或者方法。重点掌握 ref 的用法，对其他的接口做到充分的认识和理解即可。

10.2.1 ref

ref 和 reactive 往往是在一个组合式 API 项目中用来进行数据定义的高频率的接口。reactive 是用来定义数组或对象的引用类型。ref 用来进行简单数据类型的定义。因为 ref 的使用频率很高，所以要仔细阅读。

1. 学习目的

使用 ref 处理一些基础数据类型。

2. 实战练习

app.vue 中的代码如下：

```
<template>
  <div id="app">
    <div>isNum: {{ isNum }}</div>
    <div>isBoolean: {{ isBoolean }}</div>
    <div>isStr: {{ isStr }}</div>
  </div>
</template>
<script>
```

```
import { ref } from "vue";
export default {
  name: "App",
  setup() {
    let isNum = ref (1) ;
    let isBoolean = ref(true);
    let isStr = ref("hello");
    setTimeout(() => {
      isNum.value = 2;
      isBoolean.value = false;
      isStr.value = "你好";
    }, 2000);
    return {
      isNum,
      isBoolean,
      isStr,
    };
  },
};
</script>
```

初始页面加载效果如图 10-18 所示。

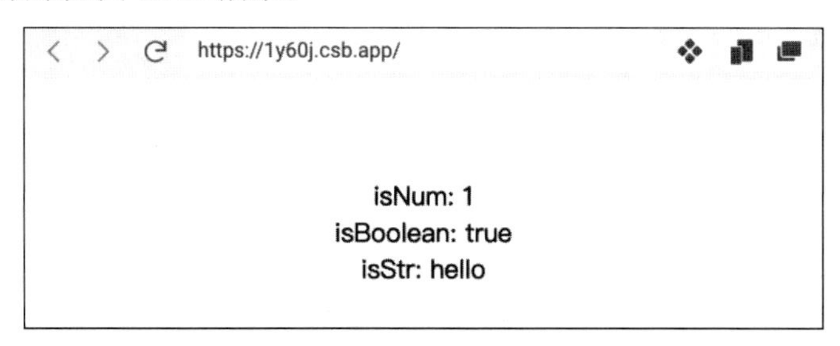

图 10-18　页面加载的效果

2 秒后页面如图 10-19 所示。

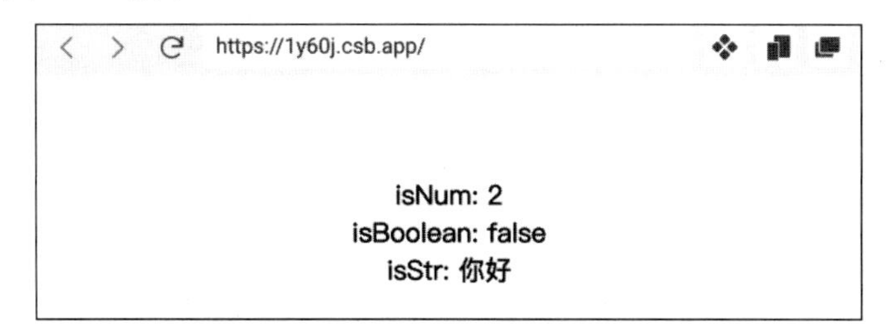

图 10-19　2 秒后页面的显示

3. 最佳实践

ref 和 reactive 可以说是组合式 API 中的两员大将，ref+reactive = data（Vue 2.x 中）。原有的

Vue 2.x 中的 data 到了组合式 API 中就被 ref 和 reactive 所取代了。一般来说，ref 用来定义简单数据类型，reactive 用来定义数组或对象的引用类型。

4. 总结

在组合式 API 中定义基础数据类型时使用 ref。

10.2.2 unref

unref 用于将 ref 处理过的数据返回原始值。

1. 学习目的

对比 unref 前后值的变化。

2. 实战练习

app.vue 中的代码如下：

```
<script>
import { ref, unref } from "vue";
export default {
  name: "App",
  setup() {
    let isNum = ref（1）;
    let isBoolean = ref(true);
    let isStr = ref("hello");
    console.log(isNum);
    console.log(isBoolean);
    console.log(isStr);
    let isUnrefNum = unref(isNum);
    let isUnrefBoolean = unref(isBoolean);
    let isUnrefStr = unref(isStr);
    console.log(isUnrefNum);
    console.log(isUnrefBoolean);
    console.log(isUnrefStr);
    return {
      isNum,
      isBoolean,
      isStr,
    };
  },
};
</script>
```

控制台中打印的信息如图 10-20 所示。

```
Elements  Console  Sources  Network  Performance  Memory  Application  Security
top  Filter  Default levels
▸RefImpl {_rawValue: 1, _shallow: false, __v_isRef: true, _value: 1}
▸RefImpl {_rawValue: true, _shallow: false, __v_isRef: true, _value: true}
▸RefImpl {_rawValue: "hello", _shallow: false, __v_isRef: true, _value: "hello"}
1
true
hello
```

图 10-20　控制台中打印的信息

从打印的结果可以看出，经过 unref 处理的数据会回到数据原始值。

3. 最佳实践

unref 在实战中使用较少，主要用于将 ref 处理过的数据返回成原始值。其原理比较简单：

```
function unref(val) {
    val = isRef(val) ? val.value : val;
    return val;
}
```

如果 value 是 ref 的，则从 val.value 中获取的；如果是正常传入的普通值，那么还是返回普通值。

4. 总结

unref 用于将 ref 处理过的数据返回成原始值。

10.2.3　toRef

toRef 用于将层级较深的对象的 property 处理成一个 ref 代理，能够简化对一个较深层次的对象属性的使用。

1. 学习目的

了解 toRef 的实际使用场景，以及对象深层属性的修改方法。

2. 实战练习

对象深层属性的修改：

```
<template>
  <div id="app">{{ name }}</div>
</template>
<script>
import { reactive, ref, toRef } from "vue";
export default {
  name: "App",
  setup() {
    let name = reactive({
```

```
    fullName: {
      firstName: {
        firstCharacter: "j",
      },
    },
  });
  let firstCharacter = ref(name.fullName.firstName.firstCharacter);
  setTimeout(() => {
    firstCharacter.value = "m";
  }, 2000);

  return {
    name,
  };
 },
};
</script>
```

初始界面显示如图 10-21 所示，2 秒后界面显示不变。

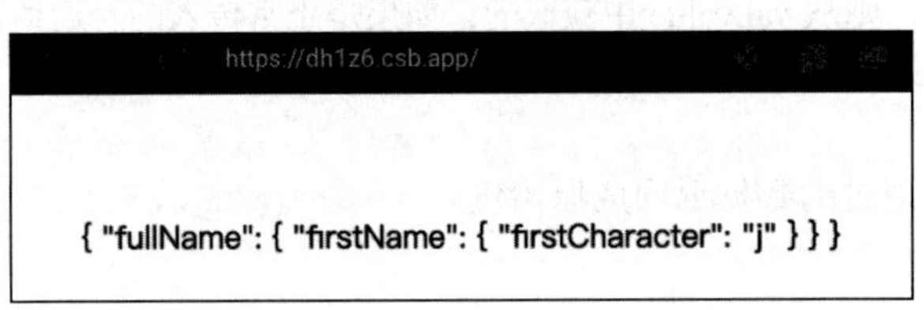
https://dh1z6.csb.app/
{ "fullName": { "firstName": { "firstCharacter": "j" } } }

图 10-21 界面显示

修改代码如下：

```
<template>
  <div id="app">{{ name }}</div>
</template>

<script>
import { reactive, ref, toRef } from "vue";

export default {
  name: "App",
  setup() {
    let name = reactive({
      fullName: {
        firstName: {
          firstCharacter: "j",
        },
      },
    });
```

```
    let firstCharacter = toRef(name.fullName.firstName, "firstCharacter");
    setTimeout(() => {
      firstCharacter.value = "m";
    }, 2000);

    return {
      name,
    };
  },
};
</script>
```

初始界面显示如图 10-22 所示，2 秒后界面显示如图 10-23 所示。

https://dh1z6.csb.app/
{ "fullName": { "firstName": { "firstCharacter": "j" } } }

图 10-22　初始界面显示

https://dh1z6.csb.app/
{ "fullName": { "firstName": { "firstCharacter": "m" } } }

图 10-23　2 秒后界面显示

从上述结果可以看出，通过 toRef 定义后，firstCharacter 是响应式的。

3. 最佳实践

当一个对象的层级比较深时，如果需要经常修改，那么每次都通过 name.fullName.firstName.firstCharacter 修改比较麻烦，可以将这个属性通过 toRef 定义出来赋给一个变量，然后通过这个变量来进行修改。这就是 toRef 存在的意义。

4. 总结

toRef 用于解决对象层级较深但又经常变更的问题。

10.2.4 toRefs

toRefs 将响应式对象转换为普通对象，其中结果对象的每个 property 都是指向原始对象相应 property 的 ref。

1. 学习目的

解构响应式对象。

2. 实战练习

当对象属性较多时，解构就显得有必要了，但是对 reactive 对象的解构会丧失属性的响应性。例如：

```
<template>
  <div id="app">{{ firstName }}{{ lastName }}</div>
</template>
<script>
import { reactive, toRefs } from "vue";
export default {
  name: "App",
  setup() {
    let name = reactive({
      firstName: "jackie",
      lastName: "yin",
    });

    setTimeout(() => {
      name.firstName = "tina";
      name.lastName = "li";
    }, 2000);

    return {
      ...name,
    };
  },
};
</script>
```

界面显示如图 10-24 所示，2 秒后界面没有变化。

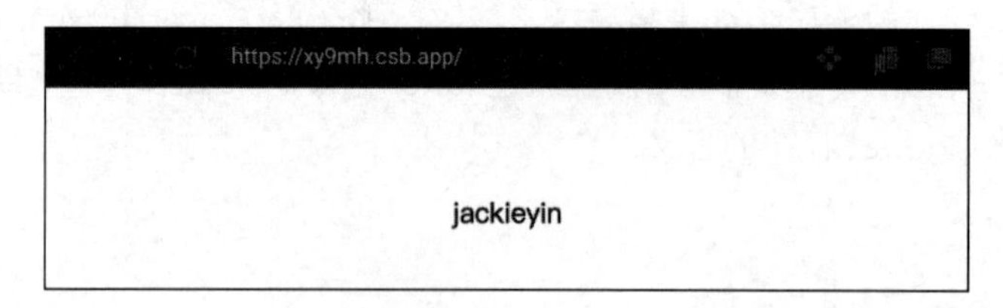

图 10-24　界面显示

将 return 中的代码修改如下：

```
return {
      ...toRefs(name),
};
```

初始页面显示和上述相同，2 秒后界面如图 10-25 所示。

图 10-25　2 秒后界面显示

可见使用 toRefs 后 reactive 属性转换成了响应式。使用 toRefs 的原理等同于如下代码段：

```
return {
    firstName: toRef(name, "firstName"),
    lastName: toRef(name, "lastName"),
};
```

3. 最佳实践

实战中除了在 return 中解构之外，还可以用于对 reactive 对象多个值的同时解构，例如：

```
let { firstName, lastName } = toRefs(name);
```

使用 toRefs 相当于逐个对对象的属性使用 toRef。

4. 总结

当需要对 reactive 对象进行解构同时保留属性响应式时，需要考虑使用 toRefs。

10.2.5　isRef

isRef 是用来判断值是否是通过 ref 进行定义。

1. 学习目的

了解 isRef 的功能，使用 isRef 来判断值是否为 ref 定义。

2. 实战练习

```
<script>
import { ref, isRef, reactive, toRef, toRefs } from "vue";
export default {
  name: "App",
  setup() {
    let name = reactive({
      firstName: "jackie",
      lastName: "yin",
    });
    let value = ref (1) ;
    let firstName = toRef(name, "firstName");
    let { lastName } = toRefs(name);
    console.log("value is ref?", isRef(value));
    console.log("firstName is ref?", isRef(firstName));
```

```
    console.log("lastName is ref?", isRef(lastName));
    return {};
  },
};
</script>
```

控制台打印的结果如图 10-26 所示。

从打印的结果可以看出，使用 ref、toRef、toRefs 进行处理的值通过 isRef 判断均为 true。

3. 最佳实践

isRef 用于判断值是否使用 ref 进行过定义，其中间接地包括使用 toRef 和 toRefs 定义的内容。

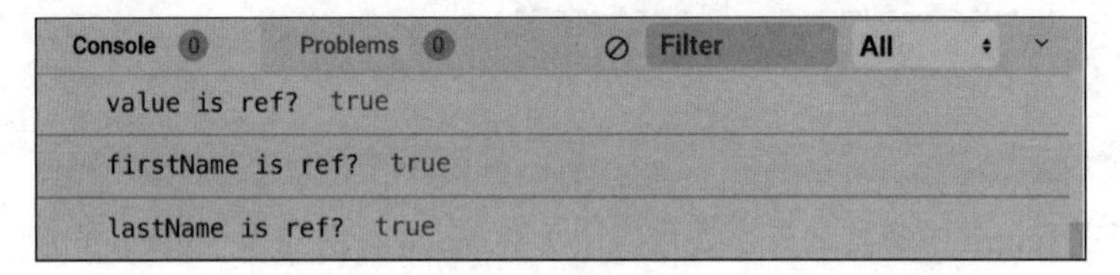

图 10-26 控制台打印的结果

4. 总结

当需要判断值是否是通过 ref 进行定义时考虑使用 isRef。

10.2.6 customRef

customRef 创建一个自定义的 ref，并对其依赖项跟踪和更新触发进行显式控制。下面通过一个实例加深理解。

1. 学习目的

ref 值被调用时，控制台中要能够记录当前值被调用的总次数。

2. 实战练习

记录 ref 定义值被调用次数的代码如下：

```
<script>
import { customRef } from "vue";
function countRef(value) {
  let count = 0;
  return customRef((track, trigger) => {
    return {
      get() {
        count++;
        console.log(`${value}总的调用次数为：`, count);
        track();
        return value;
      },
```

```
      set(newValue) {
        value = newValue;
        trigger();
      },
    };
  });
}
export default {
  name: "App",
  setup() {
    let name = countRef("jackieyin");
    setTimeout(() => {
      console.log("打印值为: ", name.value);
    }, 1000);
    setTimeout(() => {
      console.log("打印值为: ", name.value);
    }, 2000);
  },
};
</script>
```

1 秒后，控制台打印出如图 10-27 所示的信息。

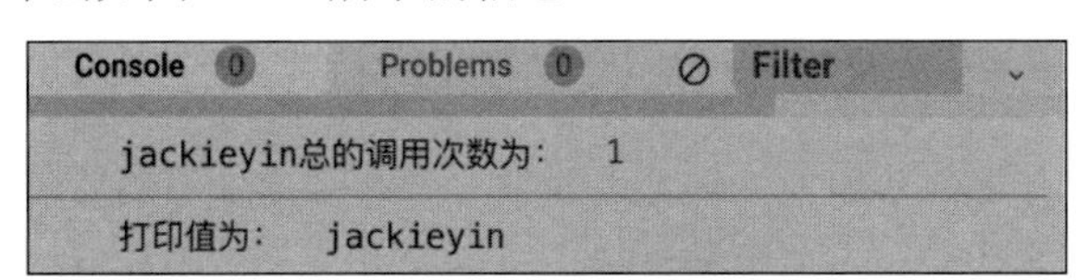

图 10-27　1 秒后控制台打印出的信息

2 秒后，控制台打印出如图 10-28 所示的信息。

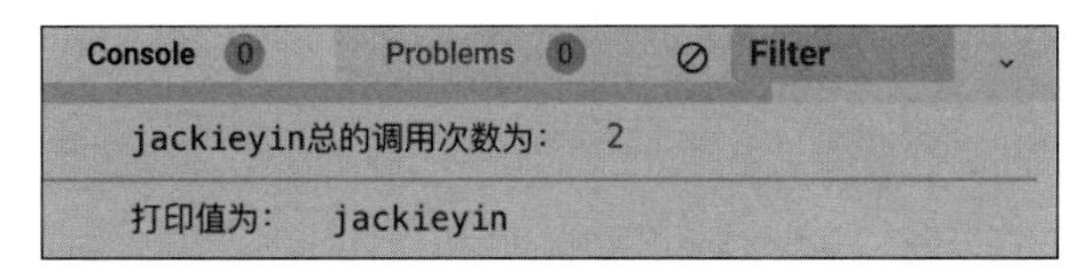

图 10-28　2 秒后控制台打印出的信息

使用 customRef 可以对 ref 定义值的中间环节进行干预，其中包括 get 和 set 过程。

3. 最佳实践

该属性的使用频率很低，平时开发中做到了解即可，当需要对 ref 定义值的 get 和 set 处理环节进行干预时会使用。

4. 总结

使用频率低，对其功能了解即可。

10.2.7 shallowRef

shallowRef 其实是 shallowReactive({value:XX})。shallowRef 只是在 shallowReactive 基础上默认添加 value 键名，在使用上也是为了提高代码运行效率而出现的。

1. 学习目的

了解在什么情况下使用 shallowRef。

2. 实战练习

对比使用 reactive 和 shallowRef 来对已经赋予对象的变量重新赋值，查看是否能够在界面中有响应。

```
<template>
  <div id="app">
    {{ data }}
    <br />
    {{ refData }}
  </div>
</template>
<script>
import { reactive, shallowRef } from "vue";
export default {
  name: "App",
  setup() {
    let data = reactive({
      first: {
        second: 2,
      },
    });
    let refData = shallowRef({
      first: {
        second: 2,
      },
    });
    setTimeout(() => {
      data = reactive({
        name: "jackieyin",
      });
      refData.value = {
        name: "jackieyin",
      };
    }, 2000);
```

```
    return {
      data,
      refData,
    };
  },
};
</script>
```

页面初始加载效果如图 10-29 所示，2 秒后页面效果如图 10-30 所示。

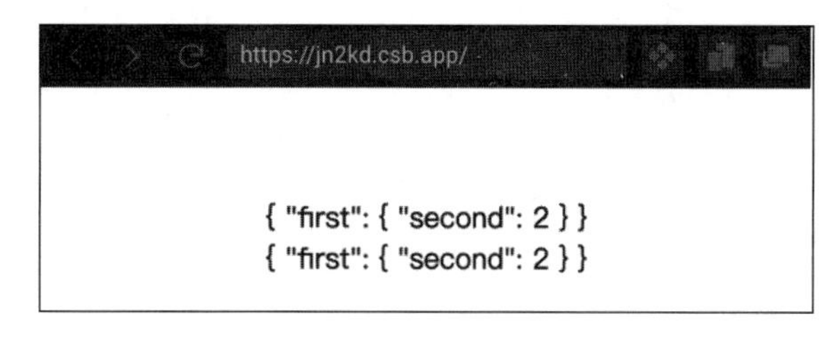

图 10-29　初始加载效果

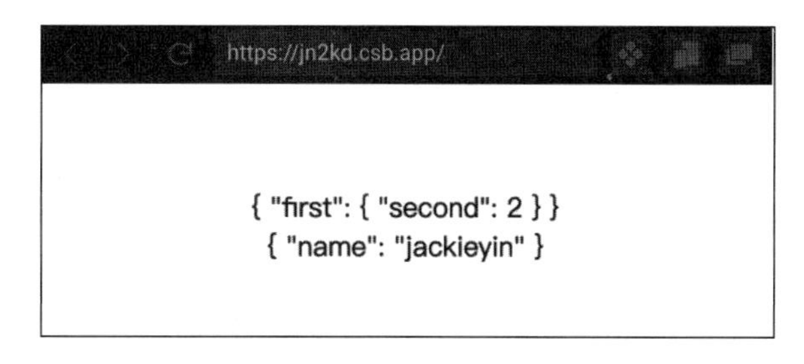

图 10-30　2 秒后的页面效果

可以看出，使用 shallowRef 定义的对象，通过 value 重新赋值后在页面中产生了响应；而通过 reactive 定义的变量重新赋值后，页面没有任何变化。

3. 最佳实践

shallowRef 和 shallowReactive 主要都是为了节省系统开销。

使用 ref 时，我们知道它的本质是 reactive({value:XX})，shallowRef 只是在 shallowReactive 基础上默认添加了 value 键名，即 shallowReactive({value:XX})。在 Vue 3 中要特别注意一点——对象被重新赋值后不能够响应到页面，和 Vue 2 中不同。在 Vue 3 中被 reactive 定义的对象只是对属性添加了 Proxy 代理，也就是说只有对象的属性变化了页面才能够响应到，对象本身的变化并不能够被监听。这时需要使用 shallowRef 在对象外再包装一层 value，通过监听 value 的变化就可以知道对象都变化了。Vue 2 中之所以对一个变量重新赋值一个对象也可以在页面中响应，是因为在 Vue 2 中对 data 中定义的所有数据都进行了监听（包括定义对象的变量），代码如下：

```
function defineReactive (data, key, val) {
    Object.defineProperty(data, key, {
        enumerable: true,
        configurable: true,
```

```
        get: function () {
            return val
        },
        set: function (newVal) {
            if(val === newVal){
                return
            }
            val = newVal
        }
    })
}
```

在 Vue 3 中，因为不是在 data 中定义数据，所以不能够对定义对象的变量进行监听。这时就需要对 reactive 定义的变量包裹一层 value，对 value 进行监听，类似于 Vue 2 中将变量包裹到 data 并直接对 data 进行监听。

在 Vue 3 中通过 reactive 定义一个对象并赋值给一个变量：

```
let a = reactive({name: 'jackieyin'})
```

a 的值在后期被重新赋值时：

```
let a = reactive({key: 'name'})
```

一定要使用如下方式来定义 a 变量，不然 a 的重新赋值是无法被页面感知的，也就是无法做到响应式。

```
let a = shallowRef({name: 'jackieyin'})
```

修改的时候可以通过如下方式进行：

```
a.value = {key: 'name'}
```

这时会遇到一个问题，就是一旦使用了 shallowRef，那么修改其定义的对象中的属性时，页面是没有办法做到响应的。例如：

```
a.value.name = 'tina';  //页面中使用{{a.name}}的地方不会有任何变化
```

一旦使用 shallowRef 定义后，就只能够监听到对象地址的变更，并不能够监听到对象中属性的变更，因为对象的内容没有被包裹到 Proxy 中。这时就会遇到一个问题：对于使用 shallowRef 定义的对象，在修改对象的某个属性的时要在页面上也能够响应。这时需要使用到 triggerRef（见 10.2.8 小节）。

4. 总结

当赋予变量的整个对象被重新赋值时，如果需要页面能够及时响应，就需要考虑使用 shallowRef 来定义。

10.2.8 triggerRef

triggerRef 用来解决 shallowRef 的对象属性变化时不能够被监听的问题。

1. 学习目的

triggerRef 配合 shallowRef 一起使用。

2. 实战练习

使用 shallowRef 定义的对象的某个属性发生变化时需要使用 triggerRef 来触发页面更新：

```
<template>
  <div id="app">
    {{ refData.first.second }}
  </div>
</template>
<script>
import { shallowRef, triggerRef } from "vue";
export default {
  name: "App",
  setup() {
    let refData = shallowRef({
      first: {
        second: 2,
      },
    });

    setTimeout(() => {
      refData.value.first.second = 3;
      triggerRef(refData); // 缺少这一句页面将会一直显示 2
    }, 2000);

    return {
      refData,
    };
  },
};
</script>
```

页面加载的时候显示数字 2，2 秒后显示数字 3。如果没有 triggerRef(refData)这一句代码，页面将会一直显示数字 2。同理，如果对象中的属性被监听，那么使用了 triggerRef 后，对象中的属性一旦变化就会触发 watch。

3. 最佳实践

triggerRef 是用来配合 shallowRef 的，解决使用 shallowRef 的对象属性变化时不能够被监听到的问题。一旦使用 triggerRef，就会主动触发监听器。

4. 总结

triggerRef 用来弥补 shallowRef 中的属性变化不能够被监听时做出的主动触发行为。

10.3 computed 与 watch

这里的 computed 与 watch 和选项式 API 中的 computed 和 watch 基本是一个概念，只是在使用的语法上有所差异。watchEffect 是 Vue 3.x 中新出现的概念，和原有的 watch 有所区别，本节中将通过实战进行对比。

10.3.1 computed

这里的 computed 是将组合式 API 中的 computed 独立出来成为了一个独立的 API，使用语法基本相同。下面通过一个实例来了解 computed 在组合式开发中的使用。

1. 学习目的

了解 computed 的使用。

2. 实战练习

结果能够依赖 a、b 值的变化而变化。

```
<template>
  <div id="app">
    {{ result }}
  </div>
</template>
<script>
import { computed, ref } from "vue";
export default {
  name: "App",
  setup() {
    let a = ref(1);
    let b = ref(1);
    let result = computed(() => {
      return a.value + b.value;
    });
    setTimeout(() => {
      a.value = 4;
```

```
    }, 2000);
    return {
      result,
    };
  },
};
</script>
```

页面加载时如图 10-31 所示，2 秒之后如图 10-32 所示。

图 10-31　初始加载时的页面显示

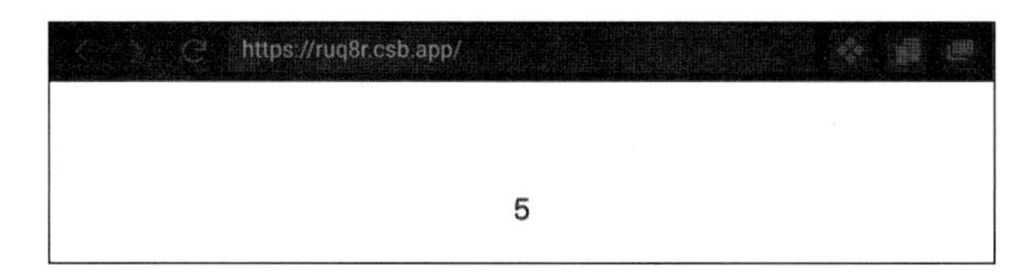

图 10-32　2 秒之后的页面显示

使用 computed 后，结果会随着依赖值的变化而变化。

3. 最佳实践

computed 的使用和 Vue 2.x 中的使用基本一样，这里主要说明一下 computed 和 watch 的区别。

（1）computed

- 能够对计算后的数据进行缓存。
- 能够对多个值同时进行依赖，其中任何一个变化都可以使返回的结果改变。

（2）watch

- 一个值同时依赖多个值时，watch 就需要监听多个值。
- watch 没有缓存返回的值。

watch 最常用的是监听值，然后进行异步处理或添加一些逻辑。

4. 总结

当有一个值需要依赖其他几个值计算出来时，就应该考虑使用 computed。当需要监听一个值的变化再做出一些处理或计算时，需要考虑 watch。

10.3.2 watchEffect

watchEffect 是 Vue 3.x 中一个全新的概念，作用和 computed、watch 相近，但是又有所不同。下面将通过实例来分析 watchEffect、computed 以及 watch 的异同点。

1. 学习目的

了解 watchEffect 的用法。

2. 实战练习

使用 watchEffect 来同时监听 a、b 两个值的变化，并能够做出响应：

```
<script>
import { watchEffect, ref } from "vue";
export default {
  name: "App",
  setup() {
    let a = ref(1);
    let b = ref(1);
    watchEffect(() => {
      let result = a.value + b.value;
      console.log("result 的值为：", result);
    });
    setTimeout(() => {
      a.value = 4;
    }, 1000);
    setTimeout(() => {
      b.value = 3;
    }, 2000);
    return {};
  },
};
</script>
```

控制台初始状态以及 1/2s 之后的打印内容如图 10-33 所示。

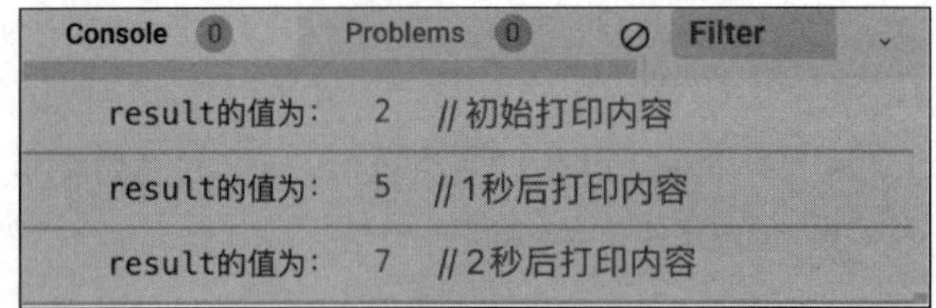

图 10-33 控制台中打印的内容

3. 最佳实践

（1）watchEffect 和 computed 的区别

- 不同点：computed 会返回一个值并对返回值进行缓存，watchEffect 不会返回值。
- 相同点：能够同时依赖多个值的变化做出响应。

实际上，watchEffect 就相当于一个没有返回值的 computed。

（2）watchEffect 和 watch 的区别

- 不同点：watchEffect 无须添加指定的依赖对象，会自动收集依赖的对象；watch 需要添加指定的依赖对象。watch 中可以获取到被监听值变化前与变化后的值；watchEffect 无法获取到变化前的值。
- 相同点：都能在依赖元素发生变化时做出响应。

4. 总结

当需要对多个值的修改做出响应且不需要有返回值时，考虑使用 watchEffect。

10.3.3 watch

watch 和选项式 API 中的 watch 作用相同，都是用于对数据的监听，并执行相应的回调函数，只是在写法上稍有不同。本节将对比使用组合式 API 和选项式 API 中的 watch。

1. 学习目的

了解 setup 中 watch 监听器的使用。

2. 实战练习

通过 watch 监听变量的变化：

```
<script>
import { watch, ref } from "vue";
export default {
  name: "App",
  setup() {
    let name = ref("jackieyin");
    setTimeout(() => {
      name.value = "tina";
    }, 2000);
    watch(
      name,
      () => {
        console.log("监测到 name 变量发生变化");
      },
      { // watch 的选项就放在第三个参数中
        immediate: false,
      }
    );
  },
};
</script>
```

2 秒后控制台中打印出如图 10-34 所示的信息，成功地捕获了 watch 的变化。

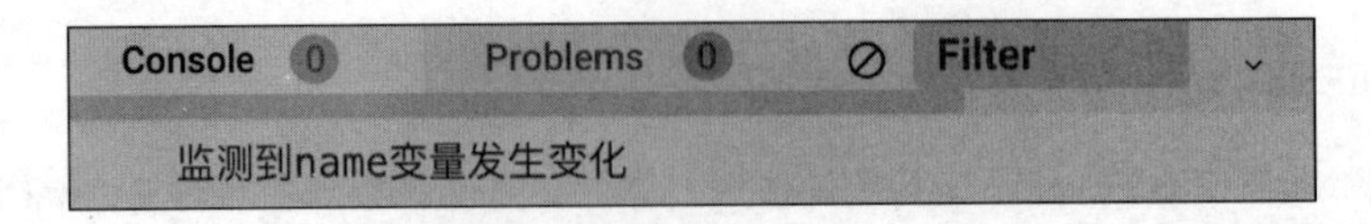

图 10-34　2 秒后控制台中的打印内容

3. 最佳实践

在 setup 中，watch 的使用和 4.1.5 小节中 watch 的使用除了写法上有一点改动、添加了可以使用数组同时侦听多个源之外，其他基本相同。换成 4.1.5 小节中 watch，代码如下：

```
watch: {
  name: {
     handler(val, oldVal) {
        console.log("监测到 name 变量发生变化");
     },
     immediate: false
  }
}
```

4. 总结

setup 中的 watch 和选项式 API 中的 watch 除了使用时写法上有一点改动以及添加了可以使用数组同时侦听多个源之外，其他基本相同。

第 11 章

组合式 API

受 React 钩子的启发，我们考虑公开较低级别的响应式和组件生命周期 API，以实现一种更自由形式的编写组件逻辑的方法，我们称之为 Composition API。Composition API 不需要通过指定一长串选项来定义组件，而是允许用户像编写函数一样自由地表达、组合和重用有状态的组件逻辑，同时提供出色的 TypeScript 支持。

上面引用的是 Vue 作者的一段话。通过上面的这段话，我们可以看出 Composition API（组合式 API）的优势，相比于选项式 API，它能够更加灵活地进行代码的开发（选项式 API 中不同模块需要写到不同的钩子中，代码被割裂开，对于后期的代码阅读和维护更加困难）。除此之外，组合式 API 的开发对 TypeScript 的支持更加友好。随着前端项目的体量越来越大，是否引入 TypeScript 已经成为前端项目必须要考虑的一个问题。一旦引入了 TypeScript，那么组合式 API 将是它的最佳搭档。在这一章中，重点介绍 setup 和生命周期的内容，对于 API 的具体使用方法知道即可。

11.1 setup

setup 可以说是通往组合式 API 的大门，完全可以整合之前使用选项式 API 完成的功能，并解决了选项式 API 导致的相同逻辑代码分离在各个钩子中不便于阅读和维护的的问题。因为 setup 既是 Vue 3.x 中的全新概念，又是 Vue 3.x 中的重点内容，所以本节将会从各个维度对 setup 进行分析，讲解 setup 中各个参数的含义以及在实际开发中的使用。

1. 学习目的

（1）setup 与其他生命周期的关系。
（2）setup 中 props、context 两个参数的使用。

2. 实战练习

（1）了解 setup 生命周期触发时机

```
<script>
export default {
```

```
  name: "App",
  setup() {
    console.log("from setup");
  },
  beforeCreate() {
    console.log("from beforeCreate");
  },
  created() {
    console.log("from created");
  },
  mounted() {
    console.log("from mounted");
  },
};
</script>
```

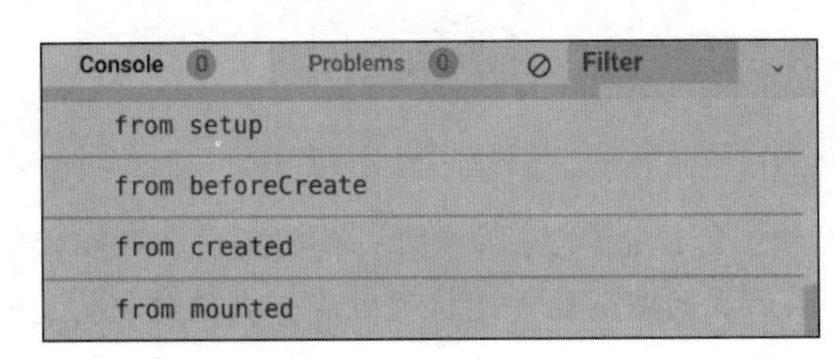

图 11-1　打印的结果

打印的结果如图 11-1 所示，可以看出 setup 在 Vue 2.x 中的所有生命周期之前触发。

（2）setup 中的 props、context 两个参数的使用

① props 是 setup 函数的第一个参数，是组件外部传入的属性，与 Vue 2.0 的 props 基本是一致的。接下来看一下 props 的传递样例。在 helloworld 组件中，定义一个 props 属性，从外部传入属性，然后在 setup 中查看 props 的详情：

```
<HelloWorld :msg="'你好'"/>
helloworld 组件如下：
<template>
  <div class="hello">{{ msg }}</div>
</template>

<script>
export default {
  name: "HelloWorld",
  props: {
    msg: String,
  },
  setup(props, context) {
    console.log("props", props);
    return {};
  },
};
</script>
```

界面显示如图 11-2 所示。打印出的 props 如图 11-3 所示。

图 11-2　界面显示

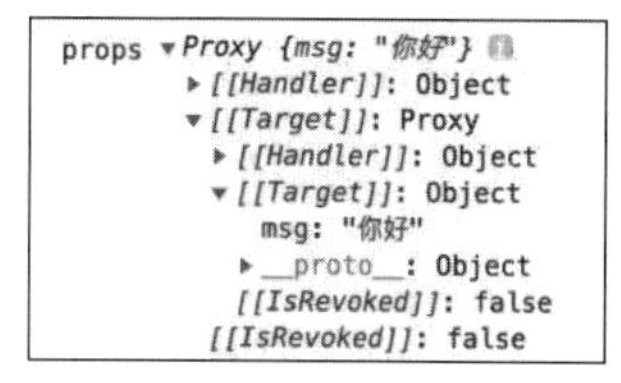

图 11-3　打印出的 props

从打印的结果可以看出，setup 中的 props 参数中包含了 helloworld 定义的 props 属性。在 Vue 2.x 中，从父组件传递过来的所有 props 都是直接挂载在 this 上。在 setup 中，props 不能够直接进行解构操作，因为直接使用结构操作会消除 prop 的响应性，要批量获取其中的值时可以采用如下方式：

```
const{ name, age， likes } = toRefs(props)
```

② context 是 setup 函数的第二个参数。context 是一个对象，里面包含了三个属性，分别是 attrs、slots、emit。和 props 不同的是，context 中的这三个属性可以直接解构获取。

```
const { attrs, slots, emit } = context;
```

attrs 与 Vue 2.x 中的 this.$attrs 一样，是从父组件传入的未在子组件 props 中定义的属性。attrs 不能使用 es6 进行解构，必须使用 attrs.name 的写法。

向 helloworld 中传入 props 未定义的 name 属性：

```
<HelloWorld :msg="'你好'" name="hello">
</HelloWorld>
```

在 helloworld 的 setup 函数中打印出 context.attrs 的值，如图 11-4 所示。

```
context attrs ▾Proxy {name: "hello", __vInternal: 1}
              ▸[[Handler]]: Object
              ▾[[Target]]: Object
                 name: "hello"
                 __vInternal: 1
               ▸__proto__: Object
               [[IsRevoked]]: false
```

图 11-4　setup 函数中打印出的 context.attrs 值

slots 对应的是组件的插槽，与 Vue 2.x 中的 this.$slots 对应。与 props 和 attrs 一样，slots 也不能直接进行解构。

向 helloworld 组件中传入一个默认插槽，代码如下：

```
<HelloWorld :msg="'你好'">
  <span>helloworld</span>
</HelloWorld>
```

在 helloworld 中的 setup 中通过 context 获取默认插槽，代码如下：

```
setup(props, context) {
  return ()=>h(context.slots.default);
}
```

最后渲染出的页面如图 11-5 所示。

图 11-5　渲染出的页面

页面 HTML 结构如下：

```
▼<div id="app">
   <span data-v-469af010-s>helloworld</span>
 </div>
```

从渲染的结果可以看出，context.slots 和 Vue 2.x 中的 this.$slots 是一样的。

emit 对应于 Vue 2.x 的 this.$emit，用于向父级组件暴露事件。

在父组件中使用 helloworld 组件，代码如下：

```
<template>
  <HelloWorld @sayhi="sayhi"/>
</template>
<script>
import HelloWorld from "./components/HelloWorld";
export default {
  setup() {
    const sayhi = function sayhi() {
      alert('sayhi');
    }
    return {
      sayhi
    }
  }
}
</script>
```

helloworld 组件中的定义如下：

```
<template>
  <div class="hello">{{ msg }}</div>
</template>
<script>
import {h} from 'vue';
export default {
  name: "HelloWorld",
  props: {
```

```
    msg: String,
  },
  setup(props, context) {
    setTimeout(() => {
      context.emit('sayhi');
    }, 2000);
    return {};
  },
};
</script>
```

图 11-6 页面弹窗

2 秒后，弹出如图 11-6 所示的弹窗，里面显示的信息和 Vue 2.x 中 this.$emit 获取的是相同的。

在 setup 这个生命周期钩子中，只有 props、attrs、slots、emit 四个属性/方法可以获取到，而 data、computed、methods 等属性中的数据是无法获取的。

3. 最佳实践

① 为什么要在 Vue 3 中添加 setup 这样一个 API？

因为 Vue 是一个渐进式的框架，新版需要兼容之前的旧代码，就要保持原有的生命周期钩子不变，所以只能另外添加一个 setup 生命周期钩子来实现组合式 API 的设计。

② 在 setup 中可以像在 Vue 2.x 中的 mounted 那样使用 this 来获取 data、props、methods 等数据吗？

答案是不能。因为 setup 是在 beforeCreated 之前执行的。这时实例属性还没有挂载，就更谈不上将 data、props、methods 这些数据挂载到 this 上去了。这时 this 处于 undefined 状态，所以在 setup 中不能像 Vue 2.x 那样使用 this 来获取数据、方法等。在实际开发中，setup 里面很少会使用 this。

在 setup 中添加打印 this 的代码：

```
setup() {
   console.log("this", this);
}
```

打印出的结果如图 11-7 所示。

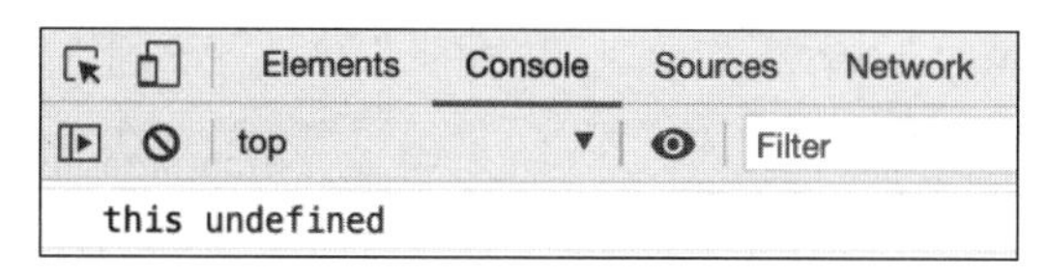

图 11-7 打印出的结果

初次使用组合式 API 开发可能很不习惯没有 this 这一点，这里总结了 Vue 2.x 中通过 this 获取的数据在组合式 API setup 中是如何获取和定义的，以便于快速从传统的选项式 API 开发转到给合式 API 结合 setup 进行开发（见表 11-1）。

表 11-1　Vue 2.x 通过 this 获取的数据在 Vue 3.x 组合式 API setup 中的获取或定义对比

使用方式	Vue 2.x	Vue 3.x

data 数据的定义	export default {
	data() {
	return {
	name: 'jackie'
	}
	}
	}
		setup(props, context) {
		let name = ref('jackie');
		return {
		name
		}
		}

props 的使用	mounted() {
	// 因为 props 被挂载到了 this 上，
	// 所以可以直接获取
	let msg = this.msg
	}
		setup(props, context) {
		let {msg} = toRefs(props);
		}

computed 计算属性的定义	computed: {
	fullName() {
	return "jackie" + "yin";
	},
	}
		setup(props, context) {
		let fullName = computed(() =>
		"jackie" + "yin");
		}

methods 方法的定义	methods: {
	getName() {
	return "jackie";
	},
	}
		setup(props, context) {
		let {msg} = toRefs(props);
		}

watch 监听的使用	watch: {
	count() {
	console.log("count changed");
	},
	}
		setup(props, context) {
		let count = ref(0);
		watch(count, (count, prevCount) => {
		console.log("count changed",
		customElements);
		});
		}

render 函数的使用	render(h) {
	return h(
	"h1", // 标签名称
	"你好" // 标签内容
	);
	}
		setup(props, context) {
		return () => h(”h1“, "你好");
		}

beforeCreate 生命周期的使用	beforeCreate() {}	beforeCreate 使用 setup 取代 beforeCreate
created 生命周期的使用	created(){}	created 使用 setup 取代 created

（续表）

使用方式	Vue 2.x	Vue 3.x

beforeMount 生命周期的使用	beforeMount(){}	setup(props, context) {
		onBeforeMount(()=> {})
		}

mounted 生命周期的使用	mounted(){}	setup(props, context) {
		onMounted(()=> {})
		}

beforeUpdate 生命周期的使用	beforeUpdate(){}	setup(props, context) {
		onBeforeUpdate(()=> {})
		}

updated 生命周期的使用	updated(){}	setup(props, context) {
		onUpdated(()=> {})
		}

activated 生命周期的使用	activated(){}	setup(props, context) {
		onActivated(()=> {})
		}

deactivated 生命周期的使用	deactivated(){}	setup(props, context) {
		onDeactivated(()=> {})
		}

beforeDestroy 生命周期的使用	beforeDestroy(){}	setup(props, context) {
		onBeforeUnmount(()=> {})
		}

destroyed 生命周期的使用	destroyed(){}	setup(props, context) {
		onBeforeUnmount(()=> {})
		}

$options 属性	mounted() {
	let options = this.$options
	}
		无法获取，实际中也基本不会在 setup 中获取$options。可以考虑使用“let options = getCurrentInstance();”，但 getCurrentInstance 并不能取代$options

$parent 属性	mounted() {
	let parent = this.$parent
	}
		setup(props, context) {
		const instance = getCurrentInstance();
		let parent = instance.parent
		}

$root 属性	mounted() {
	let parent = this.$root
	}
		setup(props, context) {
		const instance = getCurrentInstance();
		let parent = instance.root
		}

（续表）

使用方式	Vue 2.x	Vue 3.x

$children 属性	mounted() {
	let children = this.$children
	}
		$children 属性已从 Vue 3.0 中移除，不再支持。如果需要访问子组件实例，建议使用 $refs

$slots 属性	mounted() {
	let slots = this.$slots
	}
		setup(props, context) {
		let {slots}= context
		}

$scopedSlots 属性	render(h) {
	let scopedSlots = this.$scopedSlots
	}
		$scopedSlots 属性已删除，所有插槽都通过 $slots 作为函数暴露

$refs 属性	let myRefEle = this.$refs.myRef	setup(props, context) {
		let myRef = ref(null);
		onMounted(() => {
		let myRefEle = title.value;
		});
		return {
		myRef,
		};
		}

$attrs 属性	mounted() {
	let attrs = this.$attrs
	}
		setup(props, context) {
		let {attrs}= context
		}

$listener 属性	mounted() {
	let listener = this.$listener
	}
		$listeners 在 Vue 3 中已被移除。$listeners 被整合到 setup(props, context)的 context.attrs 中了

$watch 属性	mounted() {
	this.$watch('count', function (count, prevCount) {
	console.log("count changed");
	})
	}
		setup(props, context) {
		let count = ref(0);
		watch(count, (count, prevCount) => {
		console.log("count changed");
		});
		}

$set 属性	mounted() {
	this.$set(target, propertyName/index, value)
	}
		在 Vue 3 中改用 Proxy 的方式，不再需要 $set，对于对象和数组直接添加值就能够被监听到

$delete 属性	mounted() {
	this.delete(target, propertyName/index)
	}
		在 Vue 3 中改用 Proxy 的方式，不再需要 $delete，对于对象直接使用 delete 进行删除，对于数组直接使用 slice 等函数进行删除。以上修改页面均能够响应到

（续表）

使用方式	Vue 2.x	Vue 3.x
$isServer 属性	this.$isServer	被移除
$on 属性	this.$on('click', funciont(){})	
$once 属性	this.$once('click', funciont(){})	在 Vue 3.x 中，$on、$off 和 $once 实例方法已被移除，应用实例不再实现事件触发接口。如果确实需要使用，可以考虑使用第三方库 mitt 或者 tiny-emitter
$off 属性	this.$off('click', function(){});	

$emit 属性	mounted() {
	this.$emit('click');
	}
		setup(props, context) {
		let {emit}= context;
		emit('click');
		}

$mount 属性	var App = new Vue({
	render(h) {
	return h(App);
	}
	})
	App.$mount('#app')
		var App = createApp({
		render() {
		return h(App);
		}
		})
		App.mount("#app");

$forceUpdate 属性	mounted() {
	this.$forceUpdate();
	}
		setup(props, context) {
		let instance = getCurrentInstance();
		onMounted(() => {
		instance.ctx.$forceUpdate();
		});
		}

$nextTick 方法	mounted() {
	this.$nextTick(() => {});
	}
		import {nextTick} from 'vue';
		setup(props, context) {
		nextTick(() => {});
		}

$destroy 属性	mounted() {
	this.$destroy();
	}
		$destroy 在 Vue 3.x 中被移除。用户不应再手动管理单个 Vue 组件的生命周期

③ 为什么提倡使用 Composition API 来实现原有的功能，而不是之前的 Options API？

先来看一下官方给出的一个对比，对比分别使用 Composition API 和 Options API 来实现相同的功能。不同颜色的代码代表不同的逻辑区域，如图 11-8 所示。

对比下来会发现：

- 使用 Options API 编写的代码逻辑比较分散，对于代码的阅读将会比较费劲。这样就不利于后期代码的维护。
- 使用 Composition API 编写的代码，同一块逻辑可以放到一起，便于后期的维护甚至是整块代码的复用。这也是为什么在 Vue 3.x 中尽量使用 setup 来取代 Vue 2.x 中 Mixin 的原因。

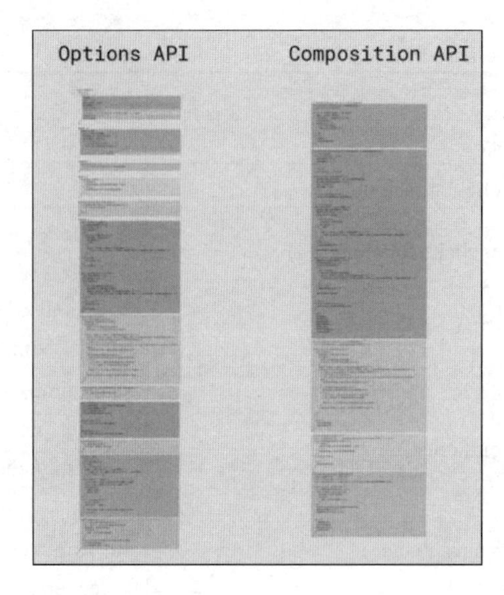

图 11-8　使用 Composition API 和 Options API 实现相同功能

4. 总结

在新的项目中，如果引用的是 Vue 3 的包，那么建议你尝试和慢慢适应使用 Composition API 进行开发，因为组合式 API 对于 TS 的开发更加友好，同时组合式 API 的代码逻辑也更为聚合，更加有利于项目后期的维护和升级。

11.2　生命周期钩子

这里的生命周期是指在 setup 中使用的生命周期钩子。在原始的 Option API 的基础上去除了 beforeCreate、created 两个生命周期钩子，其他的都是在原有的基础上在开头前加一个 on，然后将首字母改为大写。

选项式 API 中的生命周期钩子向组合式 API 生命周期过渡如下所示：

```
beforeCreate -> use setup()
created -> use setup()
beforeMount -> onBeforeMount
mounted -> onMounted
beforeUpdate -> onBeforeUpdate
activated -> onActivated
deActivated -> onDeacticated
updated -> onUpdated
beforeUnmount -> onBeforeUnmount
unmounted -> onUnmounted
errorCaptured -> onErrorCaptured
renderTracked -> onRenderTracked
renderTriggered -> onRenderTriggeredbeforeCreate -> use setup()
```

以 mounted 为例，对比 Option API 和 Composition API 的使用：

```
// Options API 的使用
export default {
   name: 'App',
   mounted() {// 逻辑代码}
}
// Composition API 的使用
setup(props, context) {
    onMounted(()=> {// 逻辑代码})
}
```

11.3　provide/inject

这里的 provide/inject 不同于前面章节中提到的依赖注入，这里的 provide/inject 只能够在当前实例的 setup 中使用。功能上和之前直接介绍的注入一样，相当于在 Vue 3.x 中又为 setup 定制了一个 provide/inject。

1. 学习目的

了解如何在 setup 中使用 provide/inject。

2. 实战练习

app.vue 父组件中的代码如下：

```
<template>
  <HelloWorld />
</template>
<script>
import HelloWorld from "./components/HelloWorld";
import { provide, readonly, ref } from "vue";
export default {
  name: "App",
  components: {
    HelloWorld,
  },
  setup() {
    let name = ref("jackie");
    let changeName = function () {
      name.value = "tina";
    };
    provide("name", readonly(name));
    provide("changeName", changeName);
```

```
  },
};
</script>
```

HelloWorld.vue 组件如下：

```
<template>
  <h1>{{ name }}</h1>
</template>
<script>
import { inject } from "vue";
export default {
  name: "HelloWorld",
  setup() {
    const name = inject("name", "defaultName");
    const changeName = inject("changeName");
    setTimeout(() => {
      changeName();
    }, 2000);
    return { name };
  },
};
</script>
```

界面初始化加载如图 11-9 所示。2 秒后界面显示如图 11-10 所示。

图 11-9　界面初始化加载

图 11-10　2 秒后界面显示

从上例可以看出，使用 provide/inject 同样可以实现双向绑定。需要注意的一点是，provide 提供出去的值想要被修改的话应该被收敛到 provide 所在组件。如果在 inject 注入的组件中修改，那么在后期的维护中就会带来很大的麻烦，因为父组件 provide 出去一个值，可能在众多的子组件中被 inject 注入，随意一个子组件就能修改 provide 值的话将会给后期问题排查和 debug 调试代码带来巨大麻烦。

3. 最佳实践

provide/inject 已经在 4.5.3 小节中进行了详细的分析，这里只是了解如何在 setup 中使用 provide/inject 即可，原理和 4.5.3 小节是一样的。

4. 总结

了解如何在 setup 中使用 provide/inject 即可，详细的参照 4.5.3 小节。

11.4 getCurrentInstance

getCurrentInstance 用于获取当前的组件实例，往往使用在一些高阶的需求当中，用于一些库的建设，在普通开发中较少使用。

1. 学习目的

了解 getCurrentInstance 在实际开发中的作用。

2. 实战练习

通过 getCurrentInstance 获取父元素以及当前实例上下文。

```
<script>
import { getCurrentInstance, onMounted } from "vue";
export default {
  name: "HelloWorld",
  data() {
    return {
      name: "jackie",
    };
  },
  setup(props, context) {
    let currentInstance = getCurrentInstance();
    onMounted(() => {
      // 这里的 that 相当于 this
      const that = currentInstance.ctx;
      const parent = currentInstance.parent;
      console.log("parentInstance", parent);
      console.log('this', that); // 成功打印当前实例上下文
      console.log("name", that.name); // 成功打印出'jackie'
    });
  },
};
</script>
```

3. 最佳实践

可以使用 getCurrentInstance 来获取一些在 Vue 2.x 中直接挂到 this 上的属性。getCurrentInstance()实际可以获取到很多的属性，这些属性在不同的场景下有不同的作用，可以根据实际情况进行使用。表 11-2 罗列一下 getCurrentInstance 使用频率较高的几种场景。

表 11-2　getCurrentInstance 使用频率较高的几种场景

使 用 方 式	Vue 2.x	Vue 3.x

this	mounted() {
	  // this 在生命周期中直接使用
	  let xxx =　this.xxx;
	}
		setup() {
		// 此处的 ctx 相当于 this，但是也只是相似
		let {ctx} = getCurrentInstance()
		}

$options 属性	mounted() {
	  let options = this.$options
	}
		无法获取，实际上基本不会在 setup 中获取$options。可以考虑使用“let options = getCurrentInstance();”，但是 getCurrentInstance 并不能取代$options

$parent 属性	mounted() {
	  let parent = this.$parent
	}
		setup(props, context) {
		    const instance = getCurrentInstance();
		    let parent = instance.parent
		}

4. 总结

getCurrentInstance 在实际开发中使用的不多，即使被用到，多数也是上述这样几种情况，所以需要对 getCurrentInstance 有一个大概的了解。